細菌の栄養科学
―環境適応の戦略―

石田昭夫・永田進一・大島朗伸
新谷良雄・佐々木秀明　著

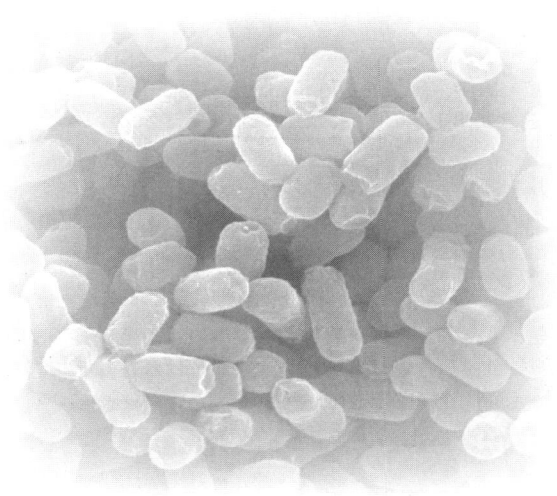

共立出版

● 執 筆 者 紹 介 ●

石田昭夫（いしだあきお）
　1967年　広島大学大学院理学研究科修士課程修了
　現　在　熊本大学名誉教授・理学博士

永田進一（ながたしんいち）
　1976年　京都大学大学院工学研究科博士課程修了
　現　在　神戸大学内海域環境教育研究センター教授・工学博士

大島朗伸（おおしまあきのぶ）
　1981年　北海道大学大学院理学研究科博士課程修了
　現　在　島根大学生物資源科学部准教授・理学博士

新谷良雄（しんたによしお）
　1971年　広島大学大学院理学研究科博士課程修了
　現　在　近畿大学工学部准教授・理学博士

佐々木秀明（ささきひであき）
　2002年　神戸大学大学院自然科学研究科博士課程修了
　現　在　いわき明星大学科学技術学部助教・博士（理学）

　本書は，執筆者5名が密接に連携をとりつつ，第1章および第2章は全員で，第3章は大島朗伸，第4章は石田昭夫，第5章は新谷良雄，第6章は永田進一，第7章は佐々木秀明が，主として執筆した．

序

　微生物は肉眼では見えにくいために，その存在はあまり意識されていない．しかし，約40億年前に誕生した微生物の先祖は，それ自身進化するとともに，地球環境へも影響を与えつつ，さらに多様な生物社会を招来して現在に至っている．この間の微生物の存在と役割を抜きにして，"生き物の世界"を語ることはできない．一方で，20世紀には革命的ともいえる生物学の進展があり，そして21世紀を迎えているが，この学問分野の探求に貢献した微生物の役割も計り知れない．

　本書は，微生物の代表格である原核生物の細菌を中心に，"細菌にとっての栄養とは"を視点にして記述したものである．細菌は，生命誕生以来の長い進化の歴史の中で，生き抜くための戦略として，"栄養"の効率的な利用と生産の仕組みをダイナミックに発展させてきたといえる．その一連の流れとして，"栄養素"を求めて，場合によっては極限的な地球環境にまでも生育域を広げた．このような栄養様式（生物が外界から物質を摂取し，これを同化して生長・維持をはかる）の進化の過程で，細菌は卓越した環境適応能力を開発したととらえることができる．

　本書は，上記のような視点に沿って，5名がそれぞれの専門性を活かして分担執筆したものである．本書のレベルは，学部専門課程の学生を対象とした専門基礎的な内容であるが，細菌の世界に興味をもつ社会人にも十分に理解できるように配慮しており，有益な知識を与えるものと確信する．

　本書を著すにあたって，好塩微生物研究会の存在を抜きに考えることはできない．執筆者5名は，同研究会に会員として集い，そこで互いに良き知己となり，本書出版の運びとなった．特に，暖かく見守っていただいた好塩微生物研究会主宰の森下日出旗博士に厚く感謝申し上げる．

執 筆 者 一 同

目　　次

第1章　細菌の栄養環境 1
1.1　原始生命の誕生に寄与した栄養の重要性 1
1.1.1　"原始の海"と栄養 1
1.1.2　生命誕生と栄養 2
1.2　生命の進化と栄養様式の変遷 5
1.2.1　原始生命体と栄養環境 5
1.2.2　栄養様式の変遷とその契機 5
1.2.3　微生物の栄養環境の現状 8
1.3　細菌の従属栄養と独立栄養 9
1.3.1　消費者・分解者としての細菌 9
1.3.2　細菌の栄養様式（従属型と独立型） 10
1.3.3　光エネルギー利用の栄養生産 10
1.3.4　化学エネルギー利用の栄養生産 11

第2章　栄養源と細菌の生活 13
2.1　自然環境からみた細菌の生活のいろいろ 13
2.1.1　大気圏と細菌 13
2.1.2　土壌の細菌と栄養環境 14
2.1.3　湖沼・河川の細菌と栄養環境 14
2.1.4　海洋の細菌と栄養環境 15
2.2　自然界を循環する生体元素と細菌の役割 17
2.2.1　細菌を構成する意外に少ない元素の種類 17
2.2.2　自然界の炭素・窒素の循環と細菌の役割 18
2.3　実験室における細菌の培養 22
2.3.1　滅菌の理論と実際 23
2.3.2　細菌培養のための基本栄養素 24

2.3.3　培地の作製 ……………………………………………………… 26
　　2.3.4　培養条件の設定 ………………………………………………… 27

第3章　細菌の構造と種類 …………………………………………… 31
3.1　原核生物と真核生物との相違点 ……………………………………… 31
3.2　原核生物の二つのグループ …………………………………………… 32
　　3.2.1　真正細菌 …………………………………………………………… 32
　　3.2.2　古細菌（発見と系統学的な概要） ……………………………… 33
3.3　細菌の構造 ………………………………………………………………… 35
　　3.3.1　細菌の表層構造 …………………………………………………… 36
　　3.3.2　細胞質の構造 ……………………………………………………… 42
3.4　環境に適応する細胞構造の変化 ……………………………………… 44
　　3.4.1　*Bacillus* 属における芽胞形成 …………………………………… 44
　　3.4.2　表層構造と環境適応（S-レイヤーを構成する高分子と pH 適応）…… 46
3.5　細菌の種類の多様性 ……………………………………………………… 47
　　3.5.1　細菌の分類 ………………………………………………………… 47
　　3.5.2　現代の細菌分類 …………………………………………………… 50
　　3.5.3　主な細菌 …………………………………………………………… 50

第4章　栄養素の利用とエネルギー代謝 ……………………… 55
4.1　細菌による栄養素の摂取と利用の仕組み ………………………… 55
　　4.1.1　栄養摂取と生育環境 ……………………………………………… 55
　　4.1.2　細胞膜と担体輸送系 ……………………………………………… 56
4.2　細菌にみられる ATP の生産様式 …………………………………… 60
　　4.2.1　ATP とは …………………………………………………………… 60
　　4.2.2　基質レベルでの ATP 生産 ……………………………………… 61
　　4.2.3　化学浸透圧による ATP 生産 …………………………………… 63
4.3　細菌のいろいろな発酵と解糖系 ……………………………………… 68
　　4.3.1　細菌にとって発酵とは …………………………………………… 68
　　4.3.2　解糖系とピルビン酸処理系：NAD^+ の還元と酸化 ………… 70

4.3.3　解糖系の種類とATP生産 …………………………… 72
　　4.3.4　いろいろな発酵系 ………………………………………… 77
4.4　好気性細菌によるピルビン酸の利用経路：クレブス回路と
　　電子伝達系 …………………………………………………………… 81
　　4.4.1　クレブス回路の特徴 ……………………………………… 81
　　4.4.2　クレブス回路の進化的起源 …………………………… 83
4.5　酸素の利用と呼吸代謝 ………………………………………………… 84
　　4.5.1　細菌の電子伝達系の種類とその機能 ………………… 84
　　4.5.2　好気呼吸と嫌気呼吸 ……………………………………… 85
4.6　環境適応とエネルギー代謝 …………………………………………… 86
　　4.6.1　有害な分子状酸素に対する細菌の生存戦略 ………… 86
　　4.6.2　発酵と呼吸におけるエネルギー効率 ………………… 89
　　4.6.3　呼吸系酵素合成の調節と環境適応 …………………… 90

第5章　自ら栄養をつくり出す細菌　93

5.1　無機物から有機物を合成する細菌 …………………………………… 93
5.2　光合成細菌 ………………………………………………………………… 93
　　5.2.1　紅色細菌 ……………………………………………………… 96
　　5.2.2　緑色細菌 ……………………………………………………… 97
　　5.2.3　シアノバクテリア ………………………………………… 99
5.3　化学合成細菌 …………………………………………………………… 101
　　5.3.1　硫黄酸化細菌 ……………………………………………… 102
　　5.3.2　硝化細菌 …………………………………………………… 103
　　5.3.3　鉄細菌 ………………………………………………………… 105
　　5.3.4　水素細菌 …………………………………………………… 105
5.4　窒素固定細菌 …………………………………………………………… 106
　　5.4.1　ニトロゲナーゼの構造と機能 ………………………… 107
　　5.4.2　ニトロゲナーゼ遺伝子 ………………………………… 108
　　5.4.3　窒素固定細菌の種類と特徴 …………………………… 109
　　5.4.4　酸素に対する各窒素固定細菌の対策 ………………… 111

第6章　極限環境微生物と環境適応 ... *113*
6.1　極限環境とは ... *113*
6.1.1　極限環境の細菌群 ... *113*
6.1.2　古細菌と真正細菌 ... *115*
6.2　極限環境に生息する細菌 ... *117*
6.2.1　好酸性・好アルカリ性細菌 ... *117*
6.2.2　好熱性・好冷性細菌 ... *118*
6.2.3　好塩性細菌 ... *119*
6.2.4　好圧性細菌・溶媒耐性細菌 ... *120*
6.3　細菌の極限環境への適応の仕組み ... *121*
6.3.1　細胞内pH調節：主として好アルカリ性細菌における対応 ... *121*
6.3.2　タンパク質，膜脂質組成の変化 ... *123*
6.3.3．浸透圧調節 ... *124*

第7章　細菌を利用する遺伝子工学 ... *131*
7.1　細菌の遺伝情報伝達 ... *131*
7.1.1　細菌のゲノムサイズ ... *131*
7.1.2　DNAの複製 ... *133*
7.1.3　遺伝子の転写 ... *135*
7.1.4　遺伝情報の翻訳 ... *137*
7.1.5　大腸菌ラクトースオペロンにおける遺伝子発現の制御 ... *141*
7.2　遺伝子工学と細菌 ... *143*
7.2.1　遺伝子組換え技術 ... *143*
7.2.2　細菌の機能利用 ... *143*
7.2.3　遺伝子クローニングの実際 ... *147*
7.3　遺伝子工学の成果 ... *150*
7.3.1　インスリンの生産 ... *150*
7.3.2　低臭納豆菌の開発 ... *151*
7.3.3　チーズ生産酵素キモシンの生産 ... *151*
7.3.4　好熱性細菌由来の酵素類 ... *151*

参考図書 ·· *153*
索　引 ··· *155*

コラム
1 ● VBNC 細菌 ·· *16*
2 ● グラム染色（経験則に基づいた細菌の分類法）················ *33*
3 ● 抗生物質の作用機作（細菌のみに作用する理由）············ *39*
4 ● 酵素の種類とはたらき ··· *59*
5 ● 化学浸透圧説の支持の変遷 ······································· *64*
6 ● 日本の酒 ·· *69*
7 ● 雌雄がある大腸菌 ·· *133*

第1章 細菌の栄養環境

1.1 原始生命の誕生に寄与した栄養の重要性

● 1.1.1 "原始の海"と栄養

　原始生命体は，約40億年前の地球の"原始の海"で誕生したと考えられている．"原始の海"には，地球誕生以来，約10億年の間に進行した化学進化（chemical evolution）とよばれているプロセスによって生命を誕生させ，維持するのに必要な生体物質が蓄積したといわれている．これらの物質をもとにして，原始生命体は誕生したと推察される．このような生命誕生の詳細な実態については，完全に証明されるものではなく，曖昧な点も多いが，生命のルーツを栄養面から探ることは，その後の生物の世界を考える上においても重要である．

　当初，原始地球はマグマオーシャン（マグマの海）に覆われていたが，地表の温度が低下するとマグマオーシャンが固まり，原始大気中に含まれていた水蒸気が雨となって地表に長期間降り注ぎ，"原始の海"が形成された．この形成は，太陽系の1惑星である地球上に，水が液体として存在しうる絶妙な距離（太陽から約1億5,000万km）にあったことに起因する．もし，太陽との距離が5％短ければ，太陽の熱により水は気体として飛散してしまったであろうといわれている．一方，地球の質量（約 6.0×10^{24} kg）と大きさ（半径約6,300

km）は，水や大気を地球表面に留めておくに十分な重力を有していた．このような偶然の積み重ねによって形成された"原始の海"が，栄養環境を保持するとともに有害な紫外線を遮断し，生命誕生とその後の生物進化（biological evolution）に絶対的ともいえる貢献をなしたのである．

● 1.1.2　生命誕生と栄養

原始地球上での生命誕生に至る詳細なプロセスは不明であるが，現在の生物の祖先としての原始生命体の誕生にどのような物質が必要であったかを類推することはできる．すなわち，生命誕生とその後の生命維持に必要と考えられる"栄養素"とは何であるかである．さらに，これら"栄養素"が，生命誕生以前の地球環境に，はたして存在したかどうかである．

原始地球の大気中には，メタン，アンモニア，水素，水蒸気の他に，二酸化炭素，窒素，硫化水素なども含まれていたと考えられている．1953年に，ミラー（S.L. Miller）は上記のような原始地球環境を人工的に再現し，その中でグリシンやアラニン等のアミノ酸などが生成されることを証明した．彼は，図1.1に示すように，実験装置の中に原始大気中に含まれていたとされる成分を入れ，高圧電流をかけて放電を続け，1週間後に数種のアミノ酸や有機酸を得

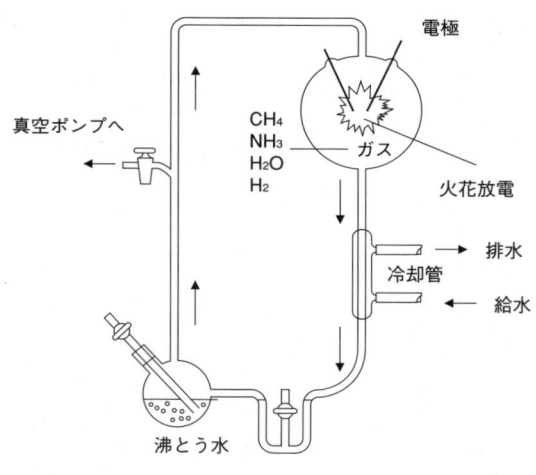

図1.1　ミラーの実験装置

表 1.1 生じた有機化合物の一覧

化合物	収量（%）
ギ酸	4.0
グリシン	2.1
グリコール酸	1.9
アラニン	1.7
乳酸	1.6
β-アラニン	0.76
プロピオン酸	0.66
酢酸	0.51
イミノジ酢酸	0.37
2-アミノ酪酸	0.34
コハク酸	0.27
サルコシン	0.25
3-(カルボキシメチルアミノ)プロピオン酸	0.13
N-メチルアラニン	0.07
グルタミン酸	0.051
N-メチル尿素	0.051
尿素	0.034
アスパラギン酸	0.024
2-ヒドロキシ酪酸	0.007

表 1.2 化学進化のためのエネルギー源

	利用しうるエネルギー(地球全表面) (cal/年間)
太陽からの紫外線	30.0×10^{20}
放電	2.1×10^9
放射線	0.4×10^9
火山活動(熱)	0.7×10^8
宇宙線	0.8×10^7

たのである（表1.1）．

　原始地球環境は，表1.2に示すように，太陽からの各種輻射エネルギーに曝されているが，さらに空中放電，海底から噴出される熱水，火山活動などがあり，原始生命体の誕生を導くために必要な栄養環境は十分に整っていたと推察される．このプロセスを化学進化とよび，地球誕生から生命誕生までの約8億年の間に進行したと思われる．

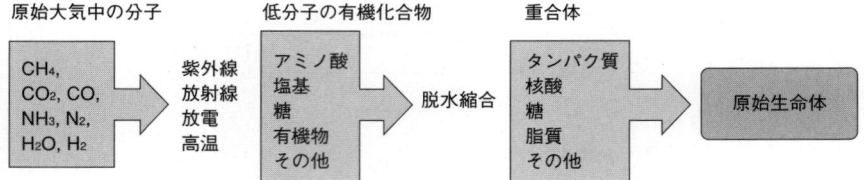

図 1.2　化学進化の略図

　このような化学進化によって合成された栄養素を正確に特定することは困難であるが，現在の生物体の組成からみて，図 1.2 のように推定することは可能であろう．すなわち，原始の地球の大気圏に存在していたと考えられるメタン，アンモニア，水素，水蒸気などの混合気体への放電や紫外線などの照射によって，アミノ酸，糖，塩基，脂肪酸などが生成される．さらに，リン酸塩や硫化水素が存在すれば，ヌクレオチドや硫黄を含むアミノ酸がつくられる．こうして合成された簡単な有機化合物は，脱水縮合により重合してポリペプチドやポリヌクレオチドとなったと思われる．生命系が出来上がる前の"原始の海"には，このようにしてつくられた非常に多くの種類の有機化合物が含まれていたと想像されている．表 1.3 に，初期の生命体を構築したであろう分子種とその

表 1.3　最も単純な生命系を構築した分子種とその機能の推定

細胞成分	機　能	含まれる素材
DNA	遺伝（複製）	デオキシリボース，アデニン，グアニン，シトシン，チミン，リン酸
RNA	タンパク質合成	リボース，アデニン，グアニン，シトシン，ウラシル，リン酸
酵素	DNA・RNA・タンパク質の合成，細胞膜合成	アミノ酸
細胞膜	生命系を外界から隔離し，内部環境を安定に保持	リン脂質（脂肪酸，グリセロールなど），タンパク質
細胞質	コロイド系の保持	可溶性タンパク質の他に，上記の細胞成分およびその素材，無機イオン
エネルギー源物質	自己保存および自己増殖のためのエネルギー供給	ATP，ホスホエノールピルビン酸，1,3-ジホスホグリセリン酸，アセチルリン酸など高エネルギー化合物

機能を示す．このような栄養環境が，生命誕生とその後の生物進化に決定的ともいえる役割を演じたことは言うまでもない．

1.2 生命の進化と栄養様式の変遷

● 1.2.1 原始生命体と栄養環境

　地球上に最初に誕生した生命体には，少なくとも二つの特徴が存在した．一つは，周囲に存在する栄養素を摂取し蓄積・変換する代謝の能力であり，もう一つは，自己と同じ子孫をつくる増殖の能力である．しかし，当初原始生命体は，生命活動に必要な栄養素はほとんどすべて周囲から取り入れていたため，その代謝能力はきわめて貧弱なものであった．しかし，生物が旺盛な増殖によって，それまで"原始の海"に存在していた栄養素が次第に枯渇し始めたころから，より効率のよい代謝あるいは代謝系が出現したと思われる．さらには，それまで利用しえなかった化合物も栄養として取り入れ，エネルギー源あるいは生体構築の素材とするなど，栄養環境の変化に伴う代謝進化が進行していった．生命誕生以来の約40億年の間，幾度か襲われた危機を新しい栄養様式を獲得しながら乗り切り，現存するすべての生物の進化を支える基礎をつくったのは原核生物なのである．

● 1.2.2 栄養様式の変遷とその契機

　生命誕生以来の栄養様式の変遷から，生命の進化を概観すると図1.3のようにまとめることができる．

　原始生命体は，先に述べたように栄養として有機物に依存する従属栄養型の原核生物と考えられる．当時の原始地球は無酸素の還元的な大気に包まれていたことから，これらの生物は絶対嫌気性であり，有機物を分解し発酵過程でエネルギーを獲得していた．しかし，周囲の有機栄養物が次第に枯渇してくると，自ら有機栄養物をつくり出す生物が誕生した．太陽光のエネルギーを利用して，無機硫黄化合物などを酸化し，炭酸ガスを同化して有機物を合成することのできる独立栄養型の嫌気性光合成原核生物（光合成細菌）や，光エネルギーの代

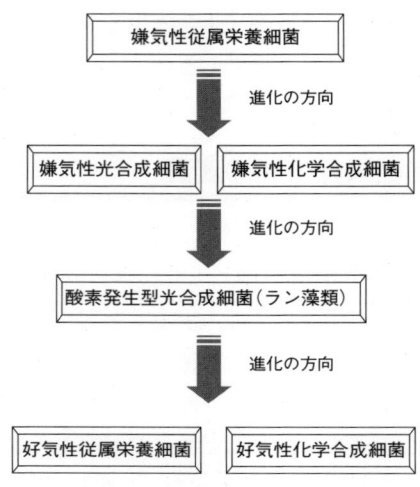

図 1.3 栄養様式の変遷と微生物進化

わりに化学エネルギーを使用した嫌気性化学合成原核生物（化学合成細菌）が出現したのである．光合成細菌としては緑色および紅色硫黄細菌が，また，化学合成細菌としては硫酸塩還元細菌やメタン生成細菌が，当時の名残を現在に留めている原核生物である．このような独立栄養型の生物の出現は，従来の従属栄養から独立栄養への新たなステップを踏み出した生物として，生物進化からみてきわめて重要な意味がある．

　しかしながら，上記の嫌気性の独立栄養細菌は，必要とする無機硫黄化合物などの栄養的な制限を強く受けるために生態的に大きく発展することはなく，火口や温泉地域などのごく限られた場所にしか生育できなかった．

　これらの独立栄養細菌の中から原核生物のラン藻類が出現した．ラン藻類は，地球上でどこでもまかなえる栄養環境である光・炭酸ガス・水から，有機物を合成できるため，この生物は大いに繁栄し全地球的に分布を広げた．その状況は，現在でも広く分布している化石のストロマトライトから知ることができる．

　このラン藻類は，従来の無機硫黄化合物の代わりに水を利用し，分子状の酸素を環境に放出することから，当時の生物界に多大な影響を与え，さらなる進化を誘引する要因となった．すなわち，ラン藻類の急速な発展は，生物界への

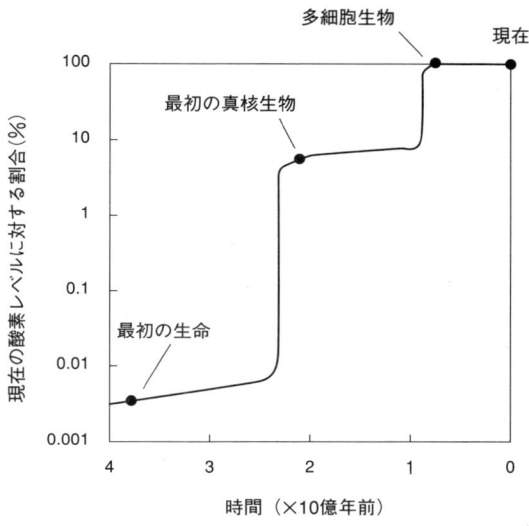

図 1.4　大気中の酸素濃度の変化

有機栄養環境を豊富にするとともに，海洋中や大気中の酸素濃度を次第に増加させていき，それまでの還元的な地球環境（生物圏）を酸化的なものに変えていった（図 1.4）．

　ラン藻類が出現する以前から生息していた当時の生物は，すべて嫌気性であり，強力な酸化力を有する有害な酸素ガスに対して抵抗能がなかったため，かなり多くの生物が死滅したと思われる．しかし，そのような酸素ガスに対して，ある種のものは底泥などの嫌気性の環境に逃避して生き延びたが，一方で，酸素ガスによって生成される有毒な過酸化物を分解する解毒酵素（スーパーオキシドジスムターゼなど）を有する生物が出現した．これらの酵素（詳細は後述）は，酸化的な環境に対して，おそらく原始嫌気性の原核生物が適応的に獲得したものと考えられる．

　分子状酸素による酸化的な環境の成立により，無機物，有機物を酸素で酸化する反応によってエネルギーを獲得する好気性で従属栄養型のさまざまな原核生物が生まれてきた．酸素によって有機物を酸化してエネルギーを獲得する方法は，嫌気的な発酵に比べて，エネルギー生産効率が著しく高く，このことが

表 1.4 微生物と栄養環境

栄養要求			特徴	微生物の種類
種類	光合成	独立栄養	光をエネルギー源として炭酸ガスを炭素源とする	シアノバクテリア，緑藻，光合成細菌
		従属栄養	光をエネルギー源として有機物を炭素源とする	紅色非硫黄細菌
	化学合成	独立栄養	化学物質をエネルギー源として炭酸ガスを炭素源とする	硝化細菌，鉄細菌，水素細菌，硫黄酸化細菌，メタン生成細菌
		従属栄養	化学物質をエネルギー源として有機物を炭素源とする	酵母，多くの好気性細菌，嫌気性細菌，硫酸塩還元細菌

生物の飛躍的な進化の原動力になった．このように生命は，その誕生以来，地球上の環境の変遷に対応して進化してきたが，なかでも栄養様式の変遷が生物進化をいっそう加速させたことは否定できない．

● **1.2.3 微生物の栄養環境の現状**

現在，地球上に生息している微生物の生育と栄養環境との関係を眺めると（表 1.4），そこには長い進化の歴史を包含しているようにみえる．

微生物の生育は，エネルギー源の利用からみて，光合成と化学合成に分けられ，また炭素源の利用から，独立栄養と従属栄養に分けられる．この組合せから生物の栄養型は 4 種（光合成独立栄養，光合成従属栄養，化学合成独立栄養，化学合成従属栄養）に分類され，さらにそれぞれは電子供与体が無機物か有機物かで細分され，他方で嫌気性か好気性かによっても細分される．このような分類でも，常にその境界がはっきりとしているわけではなく，対比する特性のいずれでも生育できる通性細菌（facultative bacteria）が存在している．

上記の分類基準とは次元を異にするが，低濃度の栄養環境を好む従属栄養細菌の存在が観察されている．これらの細菌は，細菌の増殖に一般に使用する栄養培地を希釈（約 1/1,000 濃度）して用いることによって，海水，土壌などから分離される．これらは，低栄養または貧栄養細菌（oligotrophic bacteria）とよばれているが，自然界全体を見渡せば，多くの環境は栄養物が微量しかな

く，飢餓状態にあることから，その生存の重要性が注目される．

以上述べたように，生物は地球環境の変遷に伴う栄養環境の変動や生命活動による栄養環境の変化に適応して進化し，現在に至っているといえる．

1.3 細菌の従属栄養と独立栄養

● 1.3.1 消費者・分解者としての細菌

地球上に生息するすべての動物は，栄養を構築するために必要な炭素源を，直接・間接に他の生物に依存している．このため消費者とよばれているが，これは動物が，自ら無機炭素化合物を原料とする有機炭素化合物の合成手段をもたないことから必然的に生じたことで，われわれ人類に食糧問題が発生したりするのもその枠内での話である．ここにいう有機炭素化合物とは炭水化物のことを指す．炭水化物は豊富なエネルギーを含むことから，分解してそのエネルギーを取り出せば，生命活動のために利用することができる有効なエネルギー源となる．

細菌を培養するとき，多くの場合培地の中に炭水化物が入れてあるのも同じ理由によっている．このように，自ら炭水化物をつくることができないため，他に依存していることを従属栄養（heterotrophism）といい，そのような特徴をもつ生き物が従属栄養生物であり，大半の細菌もこの範疇に入り従属栄養細菌（heterotrophic bacteria）といっている．

生態系における従属栄養の細菌は，消費者と思いがちだが，有機炭素化合物だけでなく，種々の有機化合物も無機物化するので分解者といわれている．図1.5は，農村で時々目にしたことがあるはずである．木枠の中に落葉を積み重ねたもので，写真のような状態を2～3カ月も維持すれば，中心部の葉は原形をとどめないほど腐熟し，腐葉土として畑に混ぜて肥料の一部として利用される．腐熟した部分を少し採取して滅菌水（蒸留水を加圧滅菌したもの）に懸濁し，寒天プレート上に塗布すると，多様なコロニーが出現する（図1.6）．これらの細菌が落葉を腐熟させているのであり，分解者といわれる理由である．従属栄養の細菌はこのようなはたらきをすることで，生態系の中において重要

図 1.5 落葉を積んでつくった腐葉土

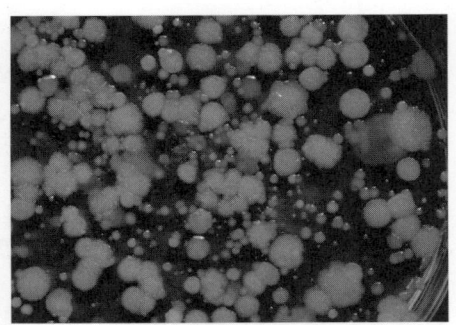

図 1.6 腐葉土で生息していた細菌のつくったコロニー

な位置を占めている．また従属栄養の細菌の中には，消費者としてエネルギー源を生命体に求めるグループもあり，他の生物の体内で活躍し，エネルギー源を横取りするだけでなく，時には宿主にとって毒性を示す物質を合成したりすることもある．このような細菌が病原菌である．

● 1.3.2　細菌の栄養様式（従属型と独立型）

一方，細菌の一部には，自然の中に存在するエネルギーを，自らの体内に取り込んで利用することによって，無機炭素化合物である二酸化炭素を原料として有機炭素化合物をつくり出すこと（炭酸同化）のできる仲間がある．このような栄養様式を独立栄養（autotrophism）といい，細菌の場合を独立栄養細菌または無機栄養細菌（autotrophic bacteria）といっている．独立栄養と従属栄養の栄養様式を図 1.7 で比較した．独立栄養で利用しうるエネルギー形態は，自然の中では太陽からもたらされる光エネルギーであり，無機物質の酸化などの際に生ずる化学エネルギーである．光エネルギーを利用する前者を光合成細菌（photosynthetic bacteria），後者を化学合成細菌（chemosynthetic bacteria）という．

● 1.3.3　光エネルギー利用の栄養生産

光エネルギーを取り込んで炭酸同化を行う生物としては，緑色植物がよく知

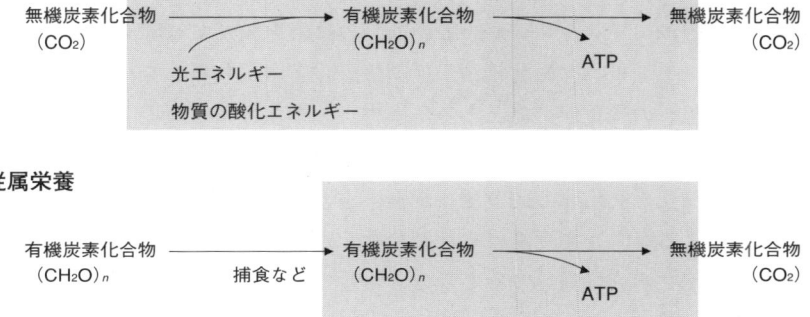

図 1.7　独立栄養と従属栄養の栄養様式の違い

られている．これら植物では同化の過程で，おしなべて水に由来する分子状酸素の生成を伴うのに対し，光合成細菌の多くは，水ではなく硫黄やその化合物または乳酸や脂肪酸を供与体として利用するので酸素がつくられない，という点で特徴的である．ただラン藻類として知られるシアノバクテリア (cyanobacteria) だけは緑色植物と類似しており，水を水素供与体とし，分子状酸素を発生する．単細胞のシアノバクテリアの細胞質でみられるチラコイド膜は，積み重なった状態のグラナにまではなっていないが，緑色植物の葉緑体と見違えるほどの近似構造であり，このことも機能が類似していることを裏づけているようにみえる．

● 1.3.4　化学エネルギー利用の栄養生産

化学合成細菌が炭酸同化のために利用することができるエネルギーは，自然環境から細菌が取り込んだ無機物質の酸化によりもたらされたものであることを先に述べたが，利用しうる無機物質が何でもよいということはなく，細菌の種類によって厳密に決まっている．たとえば，アンモニア酸化細菌はアンモニアが亜硝酸に酸化されるときに得られるエネルギーのみを使用するが，これはアンモニアから亜硝酸に変化する反応を触媒する酵素をアンモニア酸化細菌が所有しているからに他ならない．どの化学合成細菌も酵素的に物質酸化を行っ

ているから，所有する酵素によって利用できる物質が決まってくることになる．アンモニア酸化細菌が生成した亜硝酸を，硝酸に酸化してエネルギーを得る亜硝酸酸化細菌は，アンモニアから亜硝酸への反応を触媒する酵素をもたない．したがって，アンモニア酸化細菌と亜硝酸酸化細菌が共存して初めて，アンモニアから硝酸への変化が可能となる．事実，両細菌は同じ環境下に共存していることが多い．両者をまとめて硝化細菌といっている．この他，硫化水素または亜硫酸の酸化を利用する硫黄酸化細菌，水素を被酸化物とする水素細菌，炭酸鉄酸化によるエネルギーを使う鉄細菌などがある．また硫黄酸化細菌とは反対に硫酸を硫化水素に還元するときのエネルギーを利用する硫酸塩還元細菌という仲間もいる．これら化学合成細菌のあるものは，有機物があれば必ずしも独立栄養の栄養様式に従わないで従属栄養的な増殖をみせるものもある．このような特徴を任意独立栄養といって，無機化合物のみを利用して生育可能な絶対独立栄養と区別される．絶対独立栄養の細菌の中には有機物があると，逆に増殖が抑えられる種類もある．

　いずれにしてもこれら化学合成細菌の環境適応戦略はユニークであり，さまざまな栄養環境の中で生き残りをかけた栄養確保の工夫が試みられ，多様な栄養様式を生み出している．高い適応能力を秘めたしたたかさをうかがわせるものである．

第2章 栄養源と細菌の生活

2.1 自然環境からみた細菌の生活のいろいろ

　地球上で生物の存在する領域を生物圏(biosphere)とよび，大気圏下層，地表面，湖沼，河川，海洋などがそれに含まれている．近年，この生物圏は探査方法の進歩により，地殻内や深海底にまで広がりをみせている．生物圏にはエネルギーとしての光，栄養源としての有機物，無機物，さらに酸素濃度，水素イオン濃度，温度などの物理化学的環境の組合せによる無数の環境が存在しており，それぞれの環境には，利用できるエネルギー源，栄養源などにうまく適応した生物が生育している．生物が適応することにより生育可能となる環境は，生物種によって大きく異なっているが，細菌は，他の生物が生存できないような深海底や地底深くでも見いだされており，他の生物に比べ格段に広い領域に分布していることが明らかとなっている．これらの事実は，細菌が栄養源を含む種々の環境要因への優れた適応能力を有していることを示している．

● 2.1.1　大気圏と細菌

　大気圏に細菌が分布している事実は，航空機を利用し大気中の塵埃をフィルターに捕集し，その上に存在する細菌を培養する方法によって確認されている[1]．細菌の密度は，1 m^3 あたり約1個であった．大気圏で採集される細菌が，このような環境で実際に増殖しているのか，あるいは地表から気流に乗って巻

き上げられて漂っていただけなのかについては不明である．しかし，採集されたこれらの細菌が高い紫外線耐性を示すことから，少なくとも地表よりも紫外線強度の強い大気圏という環境で濃縮された可能性が高いと考えられている[1].

● 2.1.2 土壌の細菌と栄養環境

土壌表面（地表面）には，細菌が栄養素として利用可能な動植物由来の有機物が豊富に存在しており，また光合成細菌のエネルギーとして利用される光も十分に確保できる．このため，地表面の土壌には1gあたり10^9〜10^{10}個といった莫大な数の細菌が生息しているといわれている．酸素が十分に供給される土壌表面部分には，土壌中に含まれる有機物を利用して増殖する化学合成従属栄養細菌が生息している．この生活様式を示す細菌の中には，分子状窒素（N_2）の利用が可能な *Azotobacter* 属や *Clostridium* 属なども含まれる．前者は有機物を含む好気的な環境下で生育し，後者は土壌下部の嫌気的な環境中に見いだされる．土壌下部のような嫌気的な環境下で生育する細菌の中には，生物圏における物質の循環において重要なはたらきを示す脱窒菌，硫酸塩還元細菌などが含まれている．また，水中に広く分布しており，光合成独立栄養の生活様式を示すシアノバクテリアの中には，ネンジュモ（*Nostoc*）の一種のイシクラゲ（*N. commune*，図5.5参照）のように土壌や芝生の表面などに生育するものもある．シアノバクテリアは分子状窒素を同化できる光合成細菌であるため，火山噴火堆積物のような窒素源の少ない環境下でも生息可能である．有機化合物を含まない土壌深部の環境には，メタン，水素，含金属化合物をエネルギー源として利用できる水素細菌（hydrogen bacteria）や鉄細菌（iron bacteria）などの化学合成独立栄養細菌が生息している（第5章参照）．現在，深部地下に広がる未知の微生物圏（地下微生物圏）について検討するため，地球深部探査の試みが始まっている．

● 2.1.3 湖沼・河川の細菌と栄養環境

地表面と同様に，湖沼・河川にも細菌の生育に必要な栄養素が含まれているため，種々の細菌が生育している．湖沼や河川の水面近くは，酸素濃度も高く，光の照射量も十分である．しかし，湖底や河底付近になると溶存酸素濃度は低

下し，光の照射量も減少してくる．富栄養化した湖沼や河川では，底質はいわゆるヘドロ状態となり，ほぼ嫌気的な条件となっている．このような環境の水面近くでは，有機物を利用して生育する化学合成従属栄養型の細菌や光合成独立栄養の生活様式を示すシアノバクテリアが生育している．酸素濃度が低下してくる湖底付近には，主に有機物を炭素源と電子供与体として用い，光合成従属栄養の生活様式を示す紅色非硫黄細菌（purple nonsulfur bacteria）が生育している．また，光は届くがほぼ嫌気状態であり，電子受容体として利用できる硫化水素に富んでいる湖底には，地球上で最初に光合成を始めたと考えられる紅色硫黄細菌（purple sulfur bacteria）や緑色硫黄細菌（green sulfur bacteria）などの光合成独立栄養細菌が生育している．さらに光の届かない湖底の堆積物中には，嫌気性の化学合成従属栄養細菌である硫酸塩還元細菌（sulfate-reducing bacteria）が生育している．

金属硫化物の鉱石を含む鉱山からの酸性排水が流れ出す河川には，硫黄単体のほか還元型硫黄化合物を酸化し，最終的には硫酸を生成する硫黄酸化細菌が生育している．また，還元型の鉄塩の含有量が高い淡水の池や泉には，鉄細菌が生育している．湧き水のある場所で赤色の沈殿がみられたり，水表面に油膜ができたように光っている場合には，鉄細菌が生息している場合が多い．赤色の沈殿は，第1鉄イオンが鉄細菌によって酸化された水酸化第2鉄である．

● **2.1.4 海洋の細菌と栄養環境**

第1章で述べられているように，生命は海に始まったといわれているが，地球表面の約70%を占めている海洋は，生物にとって決して優しい環境ではない．海洋中に含まれる栄養となる物質の濃度は，土壌や湖沼・河川に比べて極端に低く，外洋海水に含まれる炭素濃度は12〜15 mg/L程度であり，栄養的には劣った環境である[2]．また，海洋の90%以上の平均水温が5℃以下であり，深海では高い水圧に曝されることなど，生物にとっては厳しい環境条件が揃っている．

一般に，海水中には10^6細胞/mL程度の細菌が存在していると考えられているが，実際に寒天培地などで分離を試みると1 mLあたり数十〜数百個程度しかコロニーを見いだせない．これは，第1章2節で述べたように，海洋には低

濃度の栄養環境でのみ生育する従属栄養細菌（貧栄養細菌）が多く生息していること，また実験室段階では培養することが困難な微生物（VBNC 細菌）も相当数存在しているためであろうと考えられている（コラム1参照）．深海底では光は届かず，かつ高い圧力がかかっているため，生物の生存にとっては非常に厳しい環境ではあるが，従来考えられていたよりもはるかに多くの細菌が生息していることが，近年の研究によって明らかとなってきている．また，深海底の熱水鉱床では，地熱活動により大量の硫化物に富んだ熱水が海水中に放出されており，このような環境には，化学合成独立栄養細菌である硫黄酸化細菌が見いだされている．

コラム 1 ● VBNC 細菌

　VBNC とは，viable but non-culturable の略であり，生きているが休止状態にあり，一般的な寒天培地上にコロニーを形成できない菌の状態のことを指す．なぜ，細菌がこのような状態に入るのかについては不明な点が多いが，遺伝子レベルで制御されているようである．細菌類は，外部環境ストレスに対して生き残りのために胞子を形成して対応するが，胞子形成能のないものは代謝活性を低くして，生きているが培養できない，いわゆる VBNC 状態に入り込むことによって生き残りを図る．すなわち，生菌数の計測法として伝統的な寒天培地によるコロニーカウントでは検出できない細菌が，環境中には多数存在する．このような問題の解決のために，直接的な生菌数の計測法が考案されている．たとえば，蛍光試薬を環境試料中に添加し，生存している菌のみがそれを細胞内に取り込むことを利用し，生存している全菌数を顕微鏡で計測するというものである．病原菌などが環境中に放出された場合，全生菌数と寒天培地上で計測された生菌数の間に大きな差がある場合も指摘され，危険な兆候に注意が必要である．逆に考えれば，病原菌が生き残りのために VBNC 状態をうまく使っているともいえる．このような事情もあり，病原菌として知られている腸炎ビブリオやサルモネラ菌などの VBNC 状態が精力的に研究されている．

2.2 自然界を循環する生体元素と細菌の役割

2.2.1 細菌を構成する意外に少ない元素の種類

　細菌を構成している主要な生体分子は，タンパク質，核酸，多糖，脂質などである．一例として，大腸菌の分子組成を表2.1に示す．この組成比率は，細菌からヒトまで，生物一般にほぼ共通である．この中で，70%含まれている水の重要性はいうまでもないが，水を除いた乾燥物を構成する元素を分析すると，表2.2に示す結果が得られる．大変に興味深いことに，自然界には，約100の元素が存在するが，このうち大腸菌の乾燥物にみられる主要な元素は12である．その中でも特に四つの元素（炭素，酸素，窒素，水素）のみで，生体成分の約90%が構成されている．

　地球表層の生物圏には，ケイ素やアルミニウムなどが比較的多量に存在するが，なぜそれらはほとんど使われないで四つの元素だけが選ばれて生物を形づくっているのであろうか．その鍵を握る元素は炭素である．炭素原子は，周期律表を見るとわかるように，第2周期の真ん中あたりに位置していて，最外殻電子数が4個である．分子軌道の混成の概念から推測できるように，炭素は4個の最外殻電子を2s軌道と2p軌道からなるsp混成軌道上に分配できる特性を有している．これを用いて，炭素はsp^3混成軌道による単結合と，それに加

表2.1　大腸菌の分子組成

成分	重量(%)
水	70
タンパク質	15
核酸	
DNA	1
RNA	6
多糖類とその前駆体	3
脂質とその前駆体	2
その他の有機小分子	1
無機イオン	1

表2.2　大腸菌の元素組成

元素	乾物量(%)	元素	乾物量(%)
炭素	50	ナトリウム	1
酸素	20	カルシウム	0.5
窒素	14	マグネシウム	0.5
水素	8	塩素	0.5
リン	3	鉄	0.2
硫黄	1	その他	0.3
カリウム	1		

えて sp^2 混成や sp 混成を形づくって，それぞれ二重結合・三重結合などの不飽和結合にも対応できる．すなわち，炭素原子は，いろいろな原子の中で最もフレキシビリティに富む原子なのである．また，炭素原子は炭素原子同士のみならず，水素・酸素・窒素・硫黄などの種々の原子や金属イオンとも化学結合を形成しうる性質も有している．これによって，炭素を含む化合物の種類と数は膨大なものとなり，生物細胞を形成する基礎となっている．

● 2.2.2 自然界の炭素・窒素の循環と細菌の役割

　生命体にとって重要な元素は，水分子の水素と酸素を除くと，体構成からみても，体内部活動における変化からいっても，炭素，窒素，リンおよび硫黄ということになる．なかでも，炭素と窒素は生体内に占める割合が多いだけに自然界に与える影響も大きい．生物は寿命がくれば自然に帰るが，それはまた新たな生物のための原料となるので，どの元素も循環しているといってよい．ここでは地球表層における炭素と窒素の循環と生物のかかわり，特に細菌の役割について考えてみる．

(1) 炭素の循環

　地表とマントル間の岩石層，すなわち地殻に含まれる炭素が，地球上に存在する炭素の大部分を占める（99.9%以上）．この部分の炭素はほとんど封じ込められた状態であり，他の部分とのやりとりを考えなくともよい．これを除けば，残る炭素含有部分は，生物，土壌，大気，海，化石燃料になる．これらの

表2.3　地球上の各部分に含まれる炭素の割合

存在場所	比　率 (%)
大気	0.00083
生物	0.00062
土壌	0.00178
化石燃料	0.01111
海	0.04142
海底堆積物	0.00333
岩石（地殻）	99.94091
全体	100.00000

占める炭素含有率は，合わせても 0.056％程度である（表 2.3）．このうちの化石燃料は，使用しなければ地殻を占める他の岩石と同じで影響はない．しかし，人類がエネルギー源などとして，これを燃焼させるようになったため，大気中に二酸化炭素が放出され，しかもこの場合は逆向きの炭素の流れは期待できないから，大気中の炭素含有率を上昇させる原因になっている．この他の炭素含有部分では，いずれもやりとりが行われており，地球全体からみればわずかな率であるが炭素循環が成立し，活動する自然を垣間見せる．

図 2.1 に，自然界における炭素の循環を示す．植物や光合成細菌などにおける二酸化炭素の固定により大気中の炭素が生物内に取り込まれ，これらの生物によって直接，または食物連鎖によってさまざまな生物間を移行した後，ATP 確保のための呼吸や発酵により二酸化炭素を生じ，大気中へ還される．このとき大気中から生物へ移行する炭素の量は，生物の異化により大気に戻される量の約 2 倍である．このアンバランスは，生物の死骸が土に帰し，さらに従属栄養土壌細菌，すなわち分解者による無機物化によって大気へ還されることで補正され，ほぼ平衡が保たれている．このように，大気-生物間での炭素のやりとりにおいて，細菌が重要な位置にあることがわかる．特に生命を失っ

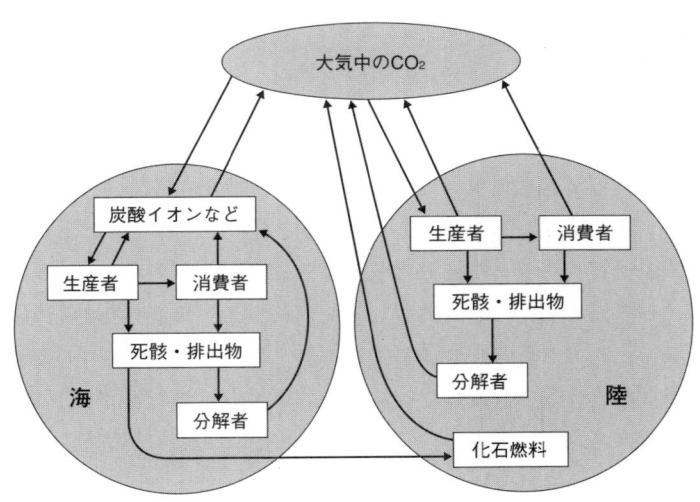

図 2.1　自然界における炭素の循環

た生物や排泄物の掃除屋ともいえる細菌のはたらきは，無視できない．これら死骸や排泄物の蓄積を防止して，環境浄化に役立っていることも大切であるが，分解の過程で二酸化炭素を生じ大気に返還するという仕事はより意義がある．もしこれが欠落していたならば，大気中の炭素は急速に減少し，これに依存している全生物の存在が立ち行かなくなり，死骸だけの溢れた天体という奇妙な結果にもなりかねない．一方，光合成細菌や化学合成細菌の炭酸固定は植物に比べてごくわずかであり，炭素循環という観点での貢献は少ない．

再び図2.1を見てほしい．大気中の二酸化炭素は，海水に吸収されると炭酸イオンや重炭酸イオンとなるが，海に生息する植物（プランクトンや海藻）や光合成細菌などは，これらを固定して有機炭素化合物を合成する．その後，海に生息するさまざまな生物内で食物連鎖による受け渡しがあり，それらの生物による酸化分解で二酸化炭素を生じ，大気へ放出される．大気-海間での二酸化炭素のやりとりはほぼ釣り合いがとれているが，大気から海への移動のほうがやや多い．その原因は次のように考えられる．陸上とは異なり，海洋生物の死骸は深海へと沈んで化石燃料化して埋没するか，または無機物化する．無機物化したものはCa^{2+}と結合して炭酸カルシウムとなり，堆積岩として隔離され大気中に戻らないから，この分だけ海から大気への戻りのほうが少なくなるわけである．

(2) 窒素の循環

自然界における窒素循環は，炭素循環と比べてより複雑である．その原因は生物にあるといっても過言ではない．すべての生物はタンパク質から成り立っており，タンパク質をつくるのに必要な核酸をもっている．前者はアミノ酸を，後者はプリンやピリミジンを成分としているが，いずれも窒素を含んでいる．この成分はどこからもたらされてきたのであろうか．細菌や植物はアンモニアや硝酸を原料としてこれらを合成しているし，それができない生物は食物連鎖によって捕食という形で直接得ているのである．ではアンモニアや硝酸はどのようにして調達されているのか．その答えは大気にある．大気は，その約5分の4が分子状窒素であり，自然界に存在するさまざまな窒素化合物の大集散場とみなすことができる．自然界を巡る窒素の動向を示したのが図2.2である．

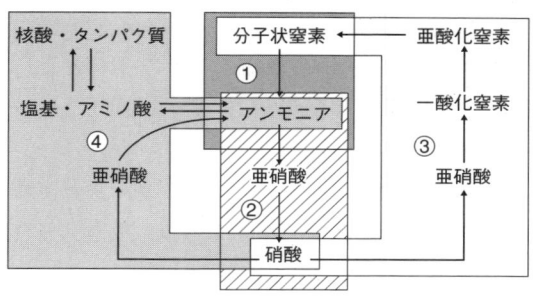

図 2.2　生物を中心とした自然界の窒素循環
①：窒素固定，②：硝化，③：脱窒，④：その他．

変化の原動力が細菌にあることが多いので，いくつかに分けて眺めてみよう．

まず，図 2.2 の中の①と記入してある分子状窒素→アンモニアとなっている囲みの中について取り上げる．分子状窒素が還元されてアンモニアになる反応を窒素固定という．窒素固定は現在では工業的にも行われており，全窒素固定の約 40％を占めるが，このような技術が育つ前の地球では，窒素固定の大部分は細菌の活動に依存していた．ニトロゲナーゼという酵素をもつ細菌のみが窒素固定の能力をもっている．このような細菌は決して多くはないが，嫌気性細菌から好気性細菌まで幅広く存在するし，なかには光合成細菌でもみられる．これらの細菌は単独で窒素固定を行うので，free-living nitrogen fixing-bacteria とよばれている．一方，ニトロゲナーゼをもつ細菌の中には，植物の根に根粒をつくり，その中で窒素固定を行う仲間もいる．このような細菌を symbiotic nitrogen fixing-bacteria という．このように多種多様な細菌が，分子状窒素をアンモニアに変えている．

今度は，②で表示してあるアンモニア→亜硝酸→硝酸である．この現象をまとめて硝化というが，推進する細菌，すなわち硝化細菌についてはすでに第 1 章 3 節で取り上げている．これらの細菌は独立栄養細菌であって，アンモニア→亜硝酸にかかわる種類と，亜硝酸→硝酸にかかわる種類は別である．最近，アンモニア→亜硝酸→硝酸を一度に行う従属栄養細菌のいることも判明している．

次に，③硝酸→亜硝酸→一酸化窒素→亜酸化窒素→分子状窒素を取り上げる．

この系は，最終的に分子状窒素を放出するから脱窒（denitrification）とよばれるが，各段階が有機物からもたらされる水素によって還元される反応であり，その過程で ATP を生産していることから，硝酸塩呼吸ともいう．すなわち，硝酸や亜硝酸が酸素の代用になっているとみてよい．

　①～③が揃うと窒素循環の形が整うわけであるが，忘れてならないのは④で示されている部分である．硝酸塩は，植物や細菌に取り込まれると亜硝酸を経てアンモニアに変えられる．アンモニアが，直接植物や細菌に取り込まれる場合もある．アンモニアは，アミノ酸やプリン，ピリミジンとなりタンパク質や核酸へと変化していく．これら植物や細菌が死滅すれば，別の細菌のはたらきによって，植物や細菌を構成していたタンパク質や核酸はアンモニアに分解されるし，食物連鎖によっても生物間の物質移動が繰り返されるから，④だけで小循環が形成されることになる．

　このように，窒素循環は細菌をはじめとするさまざまな生物の関与によって，複雑に入り組んでいる．この他，火山噴出物や化石燃料の使用による排気ガスなどに含まれる窒素酸化物もあり，循環に仲間入りすることになる．したがって，これらが限度を超えた量になると安定した循環スタイルを乱すことになるので，十分気をつける必要がある．

2.3　実験室における細菌の培養

　細菌の培養は，動物や植物などの飼育や培養とは異なり，地域性や季節などには関係なく適当な設備さえあれば，いつでもどこでも培養することができる．また，培養期間も動植物に比べ一般的に短く，一晩の培養で十分な場合が多い．しかし，細菌は一般には純粋培養を行うため，培養環境は事前に滅菌処理が必要となる．また，前節で述べられているように，細菌には多種多様な生活様式があるため，それぞれ細かく制御された環境（栄養素を含む培地組成，温度，pH，酸素濃度，光条件など）を設定し，培養を行わなければならない．逆に，実験から最適な環境を知ることにより，その細菌の特徴を明らかにすることができる．ここでは，実験室での種々の細菌の培養に関して，必要な滅菌処理，栄養素の確認，培地の作製，培養条件の設定について述べる．

● 2.3.1 滅菌の理論と実際

　細菌はあらゆるところに分布しているため，培養の必要がある細菌以外の細菌の培養液への混入を防ぐ必要がある．このため，細菌の培養においては，使用する器具および培地はすべて滅菌しておかなければならない．滅菌処理には，*Clostridium* 属を含む数種類の属の細菌によってつくられる，きわめて耐久性の高い細胞構造である芽胞（spore）を死滅させたり，除去することのできる条件が必要とされる．この目的のために，現在は4種類の滅菌方法が用いられている．

(1) 加熱滅菌

　芽胞は，細菌の栄養細胞と比べてきわめて高温に強く，100℃での煮沸によっても完全に死滅させることはできない．熱処理によって芽胞を完全に死滅させるために，水溶液などの滅菌処理にはオートクレーブ処理（高圧の水蒸気中で121℃，15分以上加熱する）が利用される（図2.3）．また，培地を添加する前のガラス製容器，ガラス製のピペットなどの滅菌処理には，乾熱滅菌器での滅菌（180℃，30分あるいは160℃，1時間以上）が行われている（図2.4）．

(2) 化学滅菌

　培養に使用する器具類には，プラスチック製品のように熱に弱いものも多い．これらを滅菌処理する際には，エチレンオキシド（ethylene oxide），ホルムアルデヒド（formaldehyde）などの化学的滅菌剤が利用される．実験室レベルでも使用可能なエチレンオキシドガス滅菌処理装置も市販されている．

(3) 放射線滅菌

　化学滅菌と同様に，プラスチック製品のように加熱処理が適さないものに使用される．ガンマ線滅菌は，コバルト60を線源とした高エネルギー，イオン化ガンマ線の照射によって，また電子線滅菌は電離放射線の一種を照射することにより，DNAを破壊または細胞にダメージを与え，滅菌処理を達成する．実験室レベルでの処理は通常行われない．

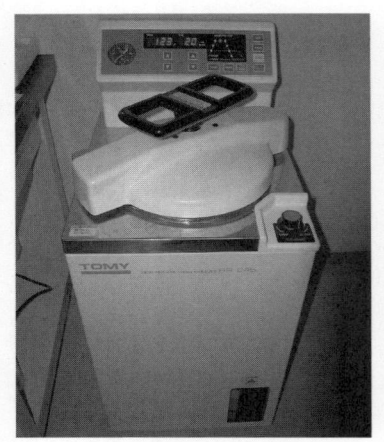

図 2.3 オートクレーブ
内部が高圧になるため頑丈な蓋がついている．

図 2.4 乾熱滅菌器
扉は開けた状態．中のステンレス製の箱はピペットを滅菌するための滅菌管．

(4) 濾過滅菌

タンパク質など熱に不安定な物質を含む溶液の滅菌には，細菌を選択的に濾過することができる濾過滅菌処理が行われる．孔径 0.22〜0.45 μm のメンブレンフィルターがよく用いられる．濾過するフィルターの形状やサイズを選択することにより，数 mL〜数 L のスケールの濾過滅菌まで対応することができる（図 2.5）．しかし，メンブレンフィルターを通過してしまうウイルスや，細胞壁をもたず不定形の *Mycoplasma* は，完全に除くことができない場合があることを念頭においておく必要がある．

● 2.3.2　細菌培養のための基本栄養素

細菌を培養するためには，細菌が増殖するために必要とするすべての栄養素を培養液中に添加しておく必要がある．第1章2節および3節で述べられているように，栄養要求性は大変多様ではあるが，基本となる栄養素について以下に述べる．

図 2.5　濾過滅菌用のフィルター装置
注射器の先に取りつけて，少量の溶液を滅菌するために使用される．

(1) 炭素の要求

炭素は細菌細胞の乾燥重量のほぼ 50%を占め，細胞を構成する有機物質の構成成分として要求される物質である．独立栄養の生活様式をもつ細菌は CO_2 を炭素の供給源として利用できる．これらの生物は，光や還元型の無機化合物の酸化により得られるエネルギーを利用し，CO_2 の固定を行っている．一方，従属栄養の生活様式をもつ細菌は，炭素の供給を有機物に依存している．従属栄養型の細菌にとって，有機物は炭素源のみならず，エネルギー源となっている．一般に，従属栄養細菌の培養では，炭素源およびエネルギー源としてブドウ糖が広く使用されている．しかし，細菌にとって有機物の利用範囲は非常に広く，自然界にある有機物質で細菌を含む微生物によって利用されないものはないといっても過言ではない．細菌の炭素源としての有機物の資化性は各々異なっており，炭素源の利用が細菌の分類基準の重要な要因となっている．

(2) 窒素の要求

窒素は細胞中のタンパク質，核酸，補酵素などの構成成分として含まれており，細菌の乾燥重量の 14%程度を占めている．通常，細菌は，窒素を硝酸塩および硫酸塩の形で同化するが，なかには還元された形（アンモニウム塩）の

窒素を要求するものもある．タンパク質の分解産物であるアミノ酸やペプトンを培地に添加することによって，窒素源とする場合が多い．

(3) その他の栄養素

リン，硫黄，カリウム，ナトリウム，カルシウム，マグネシウムの他，微量の鉄，銅，亜鉛，マンガン，コバルトなどが細菌の増殖には必要である．生育に要求される金属元素は，無機塩の形で培地に加えられる．カリウム，マグネシウム，カルシウム，および鉄は比較的多量に必要なので，培地には必ずこれらの塩を添加する必要がある．マンガン，コバルト，銅，モリブデン，および亜鉛の要求量は非常に少ないため，培地中に意識して添加する必要はあまりない．他の添加物の中に混入して持ち込まれる量で十分なためである．細菌の中には，細胞構成物質の前駆体またはその成分として必要とする有機化合物を生合成できないため，これらの物質の培地への添加を要求するものがある．このような物質は増殖（または生育）因子とよばれ，アミノ酸，プリン・ピリミジンなどの核酸物質，ビタミン類が含まれる．培地成分として酵母エキスを使用する場合には，これら増殖因子を添加する必要はない．酵母エキスは，各種の有機窒素化合物と，微生物に要求される可能性のあるほとんどあらゆる有機増殖因子を含んでいるからである．

● 2.3.3 培地の作製

細菌培養のための培地は，大きく分けて完全に化学的性質の明らかな栄養素のみを含む培地である合成培地（synthetic medium または defined medium）と，化学組成の不明確な成分を含む培地である複合培地（complex medium）とに分けられる．複合培地は，その栄養要求性がわかっていない細菌を含む広範囲な細菌の培養に有用である．また栄養要求性がわかっている場合でも，何種類もの増殖因子を添加する必要がある場合も多く，複合培地で増殖させるほうが容易な場合もある．これまでに細菌を培養するために提唱されている培地組成は非常に多いため，目的とする微生物に適した培地を文献などから選び出し，その処方箋のとおりに作製すれば培地は出来上がる．現在使用されている代表的な合成培地・複合培地を表2.4に示す．

表 2.4　代表的な複合培地と合成培地

LB 培地		Davis 培地	
トリプトン	10 g	K_2HPO_4	7 g
酵母エキス	5 g	KH_2PO_4	2 g
NaCl	10 g	$MgSO_4 \cdot 7H_2O$	0.15 g
蒸留水	1,000 mL	$(NH_4)_2SO_4$	1 g
pH 7.2		L-クエン酸ナトリウム・$2H_2O$	0.5 g
		グルコース	2 g
		蒸留水	1,000 mL

LB培地は化学組成の不明瞭なトリプトンや酵母エキスを含む複合培地であり，Davis培地は，化学組成のはっきりしている物質からできている合成培地である．LB培地は細菌一般に用いられ，Davis培地は大腸菌用の培地として用いられている．なお，固形培地として使用する場合には寒天を 20 g/L の割合で添加し，固化させる．

　培地の中には，自然界の微生物群の中から特定の微生物の単離を目的として作製されるものもある．このような培地を選択培地とよび，特定の微生物の増殖に都合のよい条件（栄養条件，環境条件）が整えられた培地である．このような培地を用いることにより，自然界の微生物群の中から，その微生物が全集団の中で少数派である場合ですら，その微生物を単離することができる．選択培地の実例を表 2.5 に示す．

　培地の形状は，栄養成分を液体（水）に溶かした状態で使用する液体培地，液体培地に寒天などを加えて固化させた固体培地に大きく分けられる．固体培地はさらにシャーレ内に作製した平板培地，試験管中で斜面状に固化させた斜面培地，斜めにせずに固めた高層培地などがある（図 2.6）．寒天濃度を 0.2% 程度まで下げた軟寒天培地も，細菌の運動性を調べるために用いられる．

● **2.3.4　培養条件の設定**

　細菌の培養を行う際，培地に含まれる栄養成分の他に重要となるのが，培地の pH，培養温度，酸素分圧，二酸化炭素分圧，光，浸透圧などの諸条件である．これらの中で培地を作製するときに調整しておく必要がある条件は，pH と浸透圧である．

表2.5 腸内細菌用選択培地

SS 寒天培地	
肉エキス	5 g
ペプトン	5 g
乳糖	10 g
胆汁酸塩	8.5 g
L-クエン酸ナトリウム・2H$_2$O	8.5 g
Na$_2$S$_2$O$_3$・5H$_2$O	8.5 g
クエン酸鉄	1 g
ニュートラルレッド	0.025 g
ブリリアントグリーン	0.33 mg
寒天	13.5 g
蒸留水	1,000 mL

SS 培地の SS は *Salmonella*, *Shigella* を意味し, 腸内細菌である *Salmonella* と *Shigella* を分離するために用いられる選択培地である. 胆汁酸塩, クエン酸塩およびチオ硫酸塩の相乗作用により, *Salmonella* および *Shigella* 以外の腸内細菌の生育を強く阻止している. なお, 高圧蒸気滅菌は行わない.

図2.6 斜面培地と高層培地
試験管の中に寒天培地を流し込んで作製する. 試験管を斜めにして固化させると斜面培地 (右) となり, 立てたままで固化させると高層培地となる (左).

(1) pHの調整

pHの調整の目的で培地に添加される成分としてよく用いられているのが, リン酸緩衝液や炭酸塩である. これらは主に培地を中性付近に保つために使用される. アルカリ性 pH 付近に保つ場合には炭酸緩衝液が, また好アルカリ性細菌などを培養する場合には, 培養液を滅菌後 1% 程度の Na$_2$CO$_3$ を添加し, pH を 10.5 付近に調整する. ジャーファーメンターなどの培養装置を使用する場合には, 付属装置を利用して培養液の pH を連続的に測定し, 酸またはアルカリの添加によって pH を正確に調整することも可能である.

(2) 浸透圧の調整

海洋性細菌や好塩性細菌のように, 増殖に Na$^+$ を特異的に要求する場合には, 培地中に必要な濃度になるように NaCl を添加しておく必要がある. 生理学的な研究の目的で高浸透圧の培地を作製する場合には, 非電解質である糖 (ソルビトールなど) を培地に添加して培養する場合もあるが, 溶解度との関

係もあり，あまり高浸透圧にすることはできない．

(3) 酸素濃度の調整

　好気性細菌の培養において，酸素は必須である．平板培地や斜面培地で培養する場合，酸素の供給に関して特別な注意を払う必要はない．液体培地を用いて培養する場合には，培地の入った容器を振盪したり，フィルターを通して無菌状態にした空気を培地内に吹き込むなどして，培地の溶存酸素濃度を高く保つ必要がある．一方，嫌気性細菌の培養の際には，好気性細菌の培養とは逆に培養環境の酸素濃度を極力下げる必要がある．固体培地を用いる場合には，L-システインや L-アスコルビン酸などの還元剤を含む培地を使用し，嫌気培養用のチャンバー内に酸素を吸収する薬剤（ピロガロールなど）を入れたり，N_2 などの不活性ガスで内部を満たして培養する．絶対嫌気性細菌の場合には，ロールチューブ法が用いられる[3]．液体培養の場合には，培地を満たした培養容器を密栓して培養する．

(4) 二酸化炭素の供給

　光合成細菌および化学合成独立栄養細菌の培養には，二酸化炭素の十分な供給が必要となる．培地に $NaHCO_3$ を添加したり，培養装置内を炭酸ガス濃度の高い空気で置換することによって二酸化炭素を供給する場合が多い．

(5) 光の供給

　光合成細菌の培養には光の照射が必須である．光の照射を行う際には光源の発熱に伴う培地の温度上昇に注意する必要がある．また，使用する光源の発する光のスペクトル特性を十分理解し，光合成細菌の利用可能な波長範囲の光を使用しなければならない．たとえばラン藻類の培養には蛍光燈を光源として用いることができるが，紅色細菌および緑色細菌の培養に際しては，より自然光に近いスペクトルの光を照射できる光源が必要となる．

(6) 培養温度

　一般細菌の培養は，通常 30〜40℃で行われる．試験管や 100〜300 mL 用の

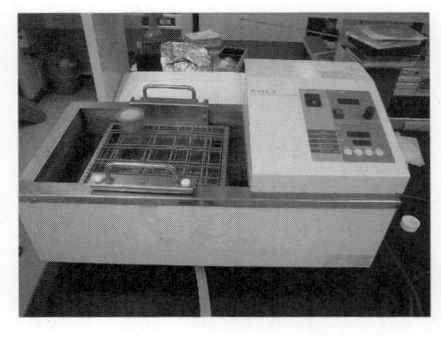

図2.7　恒温水槽を用いた振盪培養装置　　図2.8　大型孵卵器を用いた振盪培養装置

　三角フラスコを用いるような小規模な培養の場合には，振盪培養装置とウォーターバスが一体型になった培養装置が多く用いられる（図2.7）．水の比熱は大きいため温度の安定性は高く，恒温型の水槽を使用すれば広い温度範囲での培養が可能である．500 mL以上の容器を用いた培養の場合には，大型の孵卵器の中に振盪培養装置を組み込んだタイプが用いられる（図2.8）．極端な温度条件で培養する場合，たとえば低温（好冷）性細菌を培養する際にはウォーターバス中に不凍液を添加して凍結を防いだり，好熱性細菌を培養する際には，蒸発しやすい水の代わりにシリコンオイルを用いたオイルバス中で培養するなどの工夫が必要となる．

文　献

1) 山岸明彦 他：*Space Utiliz. Res.*, **22**, 326-328（2006）
2) Roszak, D. B., Colwell, R. R.：*Microbiol. Rev.*, **51**, 365-379（1987）
3) 湊　一：微生物の分離法（山里一英・宇田川俊一・児玉　徹・森地敏樹　編集），pp.246-258，R & D プランニング（2001）

第3章

細菌の構造と種類

3.1 原核生物と真核生物との相違点

　地球上の生物をその基本構成単位である細胞の構造と機能から分類すると，原核細胞で構成されている原核生物（prokaryote）と真核細胞で構成されている真核生物（eukaryote）に大別される．prokaryote という言葉の由来は，「木の実の核（クルミ）」を意味するギリシャ語の "karyon" と「前」あるいは「未」を意味する "pro-" が組み合わされたものである．すなわち，原核生物という名称は真核生物における核膜に囲まれた核とよばれる構造体をもっていないという一つの特徴をもとに命名された名称である．ちなみに，eukaryote という言葉の由来は，「真」や「本当の」を意味する "eu" が "karyon" と組み合わされたものである．原核生物の細胞は，真核生物のそれに比べ単純で，核膜で囲まれた核をもたない以外にも細胞自体の体積が小さいなどの相違がある．表3.1は，それぞれの相違点をまとめたものである．

　原核生物が進化し，真核生物となったと考えられているが，これまで原核細胞と真核細胞の中間の形態を示す細胞が発見されてはいなかった．しかし，2006年にこれまでに知られているどの生物の分類にも当てはまらない，不完全な "核膜" をもつ微生物が，伊豆諸島南方の深海底に生息する鱗虫から発見されたことが報告された[1]．この微生物は連続しない不完全な膜がDNAを囲んでいること，また，ほぼ完璧な形のミトコンドリアを細胞内にもっているこ

表3.1 原核生物と真核生物の相違点

形質	真核生物	原核生物
核膜	+	−
細胞小器官	+	−*
ペプチドグリカン**を含む細胞壁	−	+
染色体数	>1	1
染色体の形状	線状	環状
ヒストン	+	−
リボソームの大きさ	80S (60S + 40S)	70S (50S + 30S)
鞭毛の構造	チューブリンで構成される (9+2) 構造	フラジェリンで構成されるらせん状繊維
分裂様式	有糸分裂	二分裂

＊シアノバクテリアのチラコイドを除く．＊＊ムレインともよばれる．古細菌の場合はシュードムレインをもつ．

とが電子顕微鏡下で観察された．今後，この微生物の系統の分子レベルでの解析に興味がもたれている．

3.2 原核生物の二つのグループ

生物界は従来真核生物と原核生物の二大ドメインに分けられていたが，1977年にウーズ（C.R. Woose）によって古細菌が新たなドメインとして提唱された[2]．古細菌は原核生物に属しているため，現在では原核生物は真正細菌と古細菌の二つのグループに分けられている．

● 3.2.1 真正細菌

真正細菌（eubacteria）は系統的には生物界の三大ドメインの一つをなす原核生物である．細菌のほとんど（従来はラン藻として知られていたシアノバクテリアを含む）が真正細菌に含まれている．第1章2節で述べられているように，生物圏と考えられるすべての環境に分布しており，それぞれの環境において多様な生活様式を示す．細胞壁にペプチドグリカンを含むことが，真核生物および後述の古細菌と区別される真正細菌のもつ重要な特徴である．グラム染色による染色性の違いによって，グラム陰性菌とグラム陽性菌に分類すること

ができる(コラム2参照).自然界では有機物の分解者として働くとともに,硝化,脱窒など物質循環の過程においても重要な役割を果たしている.真正細菌はまた,われわれの生活とも密接にかかわっており,納豆,ヨーグルトといった発酵過程を経て完成する食品は真正細菌の活動なくしてはつくることができない.なかには,コレラ菌(*Vibrio cholerae*)のように病原性を示し感染症の原因になる真正細菌もある.また,近年の分子生物学・遺伝子工学などは大腸菌(*Escherichia coli*)を中心に発展してきており,現在でも研究材料として幅広く用いられている.

● 3.2.2 古細菌(発見と系統学的な概要)

古細菌(archea)も真正細菌と同様に系統的には生物界の三大ドメインの一つをなす原核生物である.16S rRNA の全塩基配列決定法が開発されていなかった当時,ウーズは簡便な方法としてのオリゴヌクレオチドカタログ法[3]を用いて多くの細菌の系統関係を解析し始めていた.そしては彼は1974年にメタン生

コラム2 ● グラム染色(経験則に基づいた細菌の分類法)

グラム染色はグラム(C. Gram)によって1884年に開発された細菌染色法であるが,現在でも最も広く使われている優れた染色方法の一つである.原法の石炭酸ゲンチアナ紫の代わりに,染色中に色素の結晶の析出が少ないクリスタル紫とシュウ酸アンモニウムの混合液を用いる Hucker の変法が広く用いられているが,基本的な手技は100年以上経った現在でもほとんど変わっていない.この染色法により,細菌を,濃青紫色に染まるグラム陽性菌と,薄い赤色に染まるグラム陰性菌に染めわけることができる.ほとんどの細菌はグラム陽性か,グラム陰性に分けることができるので,細菌の分類や同定の最も基本的で重要な性状である.グラム染色の機構については十分解明されているわけではないが,細胞壁の透過性の違いによるのではないかと考えられている.実際に試験する場合には,必ずグラム染色性のはっきりわかっている細菌を標準試料として同時に染色し,被検菌の染色性を比較する必要がある.グラム陽性菌としては枯草菌(*Bacillus subtilis*)が,グラム陰性菌としては大腸菌(*Escherichia coli*)が一般的に用いられる.

成細菌が真正細菌とは大きく異なる系統を示すことを見いだした．ウーズらは 1977 年の論文[2]において，「従来生物は二つのドメインに分けられていたが，真正細菌，真核生物，それに古細菌の三つのドメインに分けるべきである」と主張した．翌 1978 年，メタン生成細菌の脂質がグリセロールにイソプレノイドアルコールがエーテル結合した脂質骨格をもつ真正細菌にはないエーテル型であることが判明すると[4,5]，同じエーテル型脂質をもつ高度好塩性細菌と好熱好酸性細菌の系統解析も行われ，これらの生物も古細菌に属することがわかった．1984 年にウーズとは異なった古細菌の系統関係が提唱され，古細菌の系統樹は現在に至るまでしばしば変更されている[6]．

古細菌は，系統関係によって大きくメタン生成古細菌，高度好塩性古細菌，好熱性古細菌に分けられている．古細菌に共通した主な生化学的性質は，古賀と亀倉により下記の (1)～(9) までのように，まとめられている[7]．

(1) 古細菌はすべてグリセロールにイソプレノイドアルコールがエーテル結合した脂質骨格をもつ．また，グリセロールに炭化水素鎖が結合する位置が，他の生物では sn-1, 2 位であるが，古細菌では対掌体の関係にある sn-2, 3 位である[8]．

(2) 古細菌は真正細菌のようなムレインでできている細胞壁をもたず，細胞表層はシュードムレイン，単純タンパク質または糖タンパク質の S-レイヤー，シース（後述）などでおおわれている．

(3) リボソームや rRNA の大きさは真正細菌とほぼ同じであるが，抗生物質に対する感受性は真正細菌とも真核生物とも異なる．

(4) tRNA の特殊塩基，2 次構造が異なる．

(5) タンパク質合成の開始反応で Met-tRNA を使う．

(6) 古細菌は真核生物同様，ジフテリア毒素に感受性である．

(7) DNA 依存 RNA ポリメラーゼのサブユニット組成が真正細菌に比べて複雑である．

(8) 染色体にヒストン様タンパク質があり，クロマチン様構造を形成している．

(9) 酵素タンパク質や遺伝子の 1 次構造は，真正細菌と真核生物のいずれかに近縁性を示すか，まったく異なっている場合もある．

以上の特徴を真正細菌と比較した場合，(1) が古細菌に最も典型的な点である．

3.3　細菌の構造

細菌細胞を顕微鏡下で観察すると，球状，桿状，ラセン状など実にさまざまな形態をしていることがわかる．代表的な形態を図 3.1 に示す．形態的にはさまざまであるが，細菌細胞の構造は似通っている．図 3.2 に細菌の構造を模式

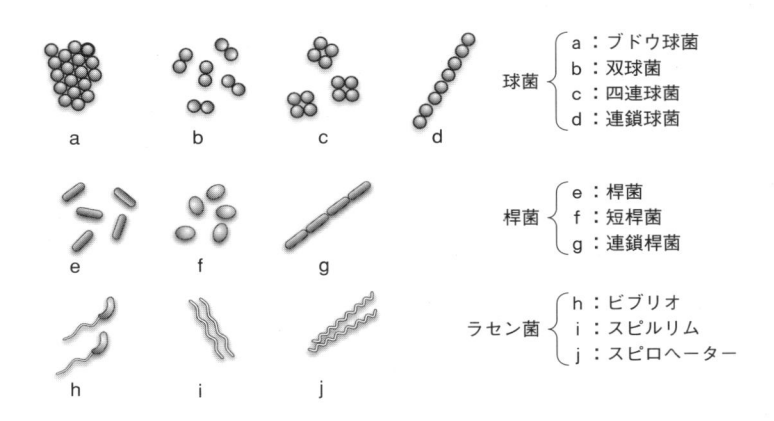

球菌 { a：ブドウ球菌 / b：双球菌 / c：四連球菌 / d：連鎖球菌 }

桿菌 { e：桿菌 / f：短桿菌 / g：連鎖桿菌 }

ラセン菌 { h：ビブリオ / i：スピルリム / j：スピロヘーター }

図 3.1　代表的な細菌の外部形態

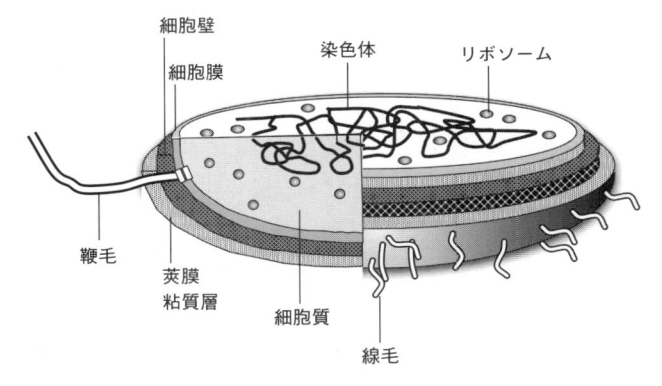

図 3.2　細菌細胞の大まかな構造

的に示す．

● 3.3.1 細菌の表層構造

　表層構造とは，細胞膜を含む外層の構造である．すなわち，細菌細胞の内側から細胞膜，ペプチドグリカンを基盤的構造としてもち，細胞全体を包み込んでいる細胞壁，グラム陰性菌に特有な膜構造である外膜，そして最外層にある有機ポリマーでできている莢膜（capsule）あるいは粘質層（slime layer：S-レイヤー）とよばれる層などが表層構造に含まれる．

(1) 細胞膜

　細菌細胞の細胞質を包み込んでいる細胞膜は，リン脂質の二重層からなる厚さ7.5～8 nmの単位膜（unit membrane）系で構成されている．細胞膜の乾燥重量の20～30％はリン脂質で占められ，残りの大部分はタンパク質（50％以上）が占めている．このタンパク質はリン脂質の二重層の中に膜を貫通した形で，あるいは片方に局在した形で埋め込まれている．表3.1に示すように，原核細胞は真核細胞とは異なり，ミトコンドリア，葉緑体，核などの細胞内構造体をシアノバクテリア類を除いてもたないため，真核細胞におけるこれらの構造体が有する機能は原核細胞では細胞膜に集約されている．ミトコンドリアに存在している電子伝達系やATP合成酵素（ATP synthase）は原核細胞では細胞膜に存在している（第4章2節参照）．また，光合成細菌では細胞膜が内部に陥入して折りたたまれている構造が観察されるが，これは光合成に必要な機構が細胞膜内に組み込まれ，大きな膜面積を確保するためにこのような構造をとっているものと考えられている．光合成細菌と同じく光合成を行うシアノバクテリア類でも，細胞内に折りたたまれた独立した膜系のチラコイドが観察される．チラコイドは光合成細菌のように細胞膜の陥入によるものではなく，細胞内膜系として存在している．また，メソソーム（mesosome）も細胞膜が細胞質内に陥入し層状構造をとる構造体である．電子伝達，細胞分裂，DNA複製，隔壁形成などに関与していると考えられているが，詳細はわかっていない．原核細胞の全タンパク質の10～20％が細胞膜に含まれているのは，以上のようにさまざまな機能を原核細胞の細胞膜がもたねばならないためと考えられる．

図 3.3　大腸菌 L 型菌の走査電子顕微鏡像

(2) 細胞壁

　細胞膜の外側に存在し，多糖類を主体とする強固な膜であり，この膜によって細菌は図 3.1 に示されているような一定の形をとっている．このことは，大腸菌などで見いだされる L 型菌とよばれる細胞壁をもたない変異株では，その形状が親株とは異なり，球状になることからもわかる（図 3.3）．細菌細胞壁の構成はグラム陰性菌とグラム陽性菌では多少異なるが，ペプチドグリカンという原核細胞にのみ存在している多糖成分が細胞壁には含まれている．細胞壁にペプチドグリカンをもたない原核生物は，*Mycoplasma* 属や古細菌である *Natronobacterium* と *Natronococcus* の 2 属の高度好塩性細菌およびグラム陰性のメタン生成細菌などである．原核生物によってのみ合成されるペプチドグリカンとは一定の組成と構造をもったヘテロポリマーであり，アセチル化された 2 種類のアミノ糖である N-アセチルグルコサミンと N-アセチルムラミン酸と数種類のアミノ酸を構成単位として構築されている構造体である（図 3.4）．図 3.5 に示すように，このペプチドグリカン層は一般にグラム陽性菌は厚く，グラム陰性菌ではきわめて薄い．いずれの場合もペプチドグリカン層は細胞質全体を包む一つの袋状になっているので，ペプチドグリカン・サッキュラス（sacculus）とよばれている．ペプチドグリカン・サッキュラスは，細菌のみならず，シアノバクテリア（厚さ約 12 nm），リケッチア，クラミジアのような原核微生物には存在するが，例外として *Mycoplasma* には存在しない．血

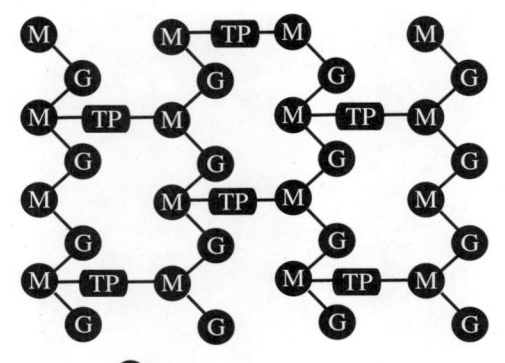

- Ⓜ：N-アセチルムラミン酸
- Ⓖ：N-アセチルグルコサミン
- TP：テトラペプチド

図 3.4　ペプチドグリカンの構造

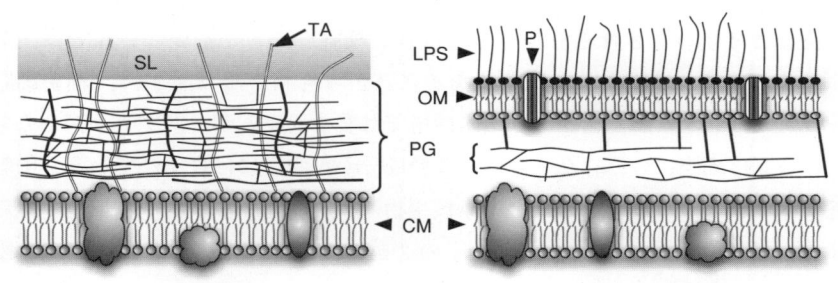

グラム陽性菌　　　　　　　　　　グラム陰性菌

CM：細胞膜　　　PG：ペプチドグリカン　　　OM：外膜
LPS：リポ多糖　P：ポーリン　TA：タイコイン酸　SL：粘質層

図 3.5　グラム陽性菌とグラム陰性菌の細胞表層構造

清・卵白の中に含まれる酵素，リゾチーム（lysozyme）はペプチドグリカンを溶かすことにより菌を破壊する．また，抗生物質のペニシリンはペプチドグリカンを構築する際のペプチド鎖同士の架橋を阻害することにより殺菌性を示す．この機構の詳細については別途コラム 3 において解説する．グラム陽性菌と陰性菌との細胞壁の構成は先にも述べたとおりペプチドグリカン以外はかな

り異なっている．

　グラム陽性菌の場合，ペプチドグリカン層の内外にはタイコイン酸（teichoic acid）が存在している．タイコイン酸の存在量はペプチドグリカン層の内側よりも外側が多く，内側のタイコイン酸は細胞膜の糖脂質と，また外側のタイコイン酸はペプチドグリカンとそれぞれ共有結合している．外層のタイコイン酸の外側には，厚い莢膜構造が存在する．

　グラム陰性菌では，先にも述べたように，ペプチドグリカン層はきわめて薄く，その外側には後述するように外膜（outer membrane）が存在する．外膜は単位膜構造を示すが異方性が著しく大きいという特徴を示す．外膜内側にはリポタンパク質があり，外膜とペプチドグリカンを結びつけている．グラム陰性菌の外層にはリポ多糖質があり，グラム陰性菌の大きな特徴的構造となっている．

コラム3　抗生物質の作用機作（細菌のみに作用する理由）

　普段われわれは何気なく薬を使用している．薬の中には抗生物質が含まれているものが多いが，これらの抗生物質は細菌を殺したり，増殖を抑制したりする機能をもっている．なぜ，抗生物質は細菌には効果を発揮し，われわれには悪影響を及ぼさないのであろうか？　実は抗生物質は原核生物である細菌細胞と，真核生物であるわれわれの細胞の違いを巧みに利用して，その効果（選択毒性）を発揮しているのである．両者の相違点は本文中の表3.1にまとめられているが，主に抗生物質の標的となっているのは真正細菌にのみ存在するムレインを含む細胞壁および原核細胞と真核細胞では大きさが異なるリボソームである．有名な抗生物質であるペニシリンは，細菌の細胞壁合成の最終段階であるペプチド鎖の架橋を特異的に阻害するため，細菌細胞は浸透圧差に耐えられず，溶菌し死滅する．またストレプトマイシンは原核細胞のもつリボソームに特異的に結合してタンパク質合成を阻害し，増殖を抑制する．抗生物質を使用する際には，その菌に"有効な抗生物質"を，"適切な量"で"適切な期間"使用することが重要である．抗生物質の乱用は，院内感染などで話題となっているMRSA（メチシリン耐性黄色ブドウ球菌）のような，抗生物質に対して抵抗性をもつ細菌を増加させる大きな一因となっている．

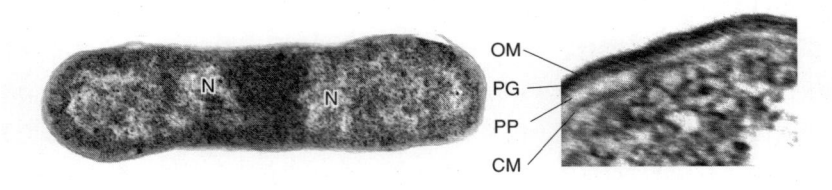

図 3.6　大腸菌の電子顕微鏡像
左：全体像，右：膜部分の拡大像．OM：外膜，PG：ペプチドグリカン，PP：ペリプラズム，CM：細胞膜，N：核．

(3) 外膜

　グラム陰性菌である大腸菌の超薄切片を電子顕微鏡で観察すると，図 3.6 に示すように，ペプチドグリカン層の内外が 3 層構造となっていることがわかる．内側の 1 層は細胞膜（前述）であり，外側の 1 層が外膜とよばれる構造である．外膜はグラム陰性菌の細胞壁にみられる特有の構造であり，タンパク質・リポ多糖・リン脂質から構成されている．これらの構成成分の組成比は菌の種類により異なっており，大腸菌の場合，タンパク質・リポ多糖・リン脂質の重量比は 10：7：2 となっている．外膜はその内側にあるペプチドグリカン層（前述）とリポタンパク質により密着している．外膜は，図 3.5 に模式的に示したように，二つの層からなり細胞膜と同じ二重膜構造をとってはいるが，外膜は細胞膜とは異なり前述のように著しい異方性をもっている（内向き部分と外向き部分の構成成分の割合が著しく異なっている）点が特徴的である．大腸菌における外膜の構成成分の組成比は前にも示したが，外向きの部分はリン脂質の代わりにその大半をリポ多糖が占めていると考えられている．外膜の生理的機能としては，種々のタンパク質を含むペリプラズム空間と外界との障壁となることなど，細胞内外の障壁としての機能が考えられている．しかし，このことは，細胞に必要な成分の透過とは相反している．したがって，外膜にはポーリン (porin) とよばれる非特異性のチャンネルの他，高い特異性を示すチャンネルタンパク質がいくつも存在し，物質輸送をまかなっている．

(4) ペリプラズム

外膜・ペプチドグリカン層と細胞膜との間にはペリプラズム空間（periplasmic space）とよばれる間隙が電子顕微鏡写真で観察される（図3.6）．ペリプラズム空間にはヌクレアーゼ，ホスファターゼ，β-ラクタマーゼといったペリプラズム酵素が存在している．外膜・ペプチドグリカン層と細胞膜とは完全に離れているわけではなく，細胞あたり数百カ所で連結しているといわれている．

(5) 莢膜と粘質層

原核生物の多くは，その細胞壁の外部に有機ポリマーでできた莢膜や粘質層をもっていることが知られている．莢膜とは莢膜染色により特に粘質層がはっきりと細胞壁周囲に観察されるものを指す．有機ポリマーは，食細胞や他の天然に存在する抗細菌性物質の侵入や，それらの作用に対する抵抗性に関係しているため，一般に莢膜をもつ細菌は毒力が強い．有機ポリマーの構成成分は，*Bacillus* 属にみられるように単一アミノ酸（グルタミン酸のポリマー）で構成されているものと，多糖で構成されているものがある．近年，好アルカリ性細菌が示す高いアルカリ性pHで生育する能力に，粘質層のもつ高い負の電荷が関係していることを示す結果が報告されていることから，粘質層が単なる外部環境に対する障壁としての効果以外の機能を有していることも考えられている（第3章4節参照）．

(6) 鞭毛と線毛

鞭毛（flagellum）と線毛（pilus）はともに細菌細胞の表層にあるフィラメント状の器官である．細菌の鞭毛は精子や原生動物の鞭毛と同様に運動器官であるが，構造および運動機構はまったく異なったものである．運動能力をもつ細菌は，菌体の周囲に1本（単鞭毛）から複数の鞭毛をもっている．図3.7に示すように，鞭毛の数および位置は菌により決まっているため，細菌を分類する上での指標の一つとなっている．鞭毛はフラジェリンとよばれるタンパク質でできているため，抗原性をもちH抗原といわれる．海洋性細菌や好アルカリ性細菌ではNa^+が，中性細菌ではH^+が，鞭毛の基部にあるモーター機構

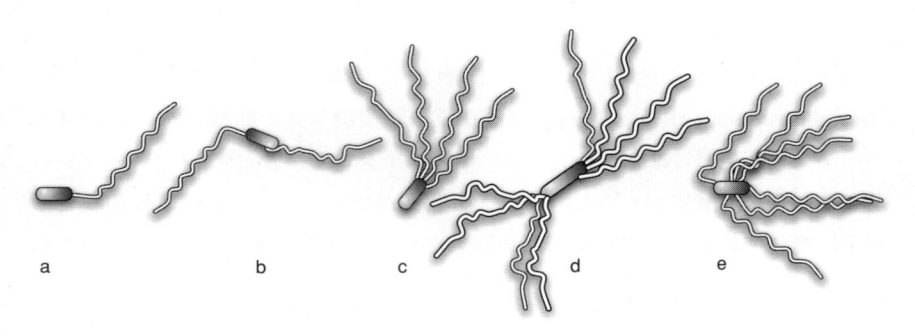

図 3.7　細菌細胞の鞭毛のつき方
a：単毛，b：両毛，c：束毛，d：球毛，e：周毛．

を通して細胞内へ流入することによって，鞭毛は回転させられ推進力を生む．

　線毛はピリンとよばれるタンパク質を主体としてつくられた直径 3～10 nm，長さが 0.2～2 μm の中空の繊維状構造物である．主にグラム陰性菌にみられ，細胞あたり数十～数百本存在している．鞭毛よりも短く，運動性には関与しない．線毛は宿主細胞への粘着性に関与し，接合や遺伝子の伝達に関与しない非性線毛と，接合と遺伝子伝達に関与する性線毛とがある．

● 3.3.2　細胞質の構造

　細菌細胞を含む原核細胞の構造上の大きな特徴は，シアノバクテリア属を除き，細胞内に単位膜系によって囲まれた構造を欠くことである．メソソームのように細胞膜が細胞質に陥入してできる構造もあるが，一般に細菌細胞の内部構造はきわめて単純である．電子顕微鏡で観察すると，電子密度の違いにより細胞内の物質の局在が細胞質と区別できることがある．核質がそのよい例である．なお，原核細胞の細胞質には単位膜では囲まれていない構造体が，現在 4 種類知られている．ガス胞（gas vacuole），クロロソーム（chlorosome），カルボキシソーム（carboxysome），マグネトソーム（magnetosome）である．

(1)　核質

　電子顕微鏡で観察すると図 3.6 のように核質部分（核領域：nuclear region）

を確認することができる．これは分裂途上にある大腸菌の電子顕微鏡像であるが，核質を特定の領域として確認することができる．この領域は，細胞質から膜系で隔離されていないことがわかる．環状構造をしている細菌のDNA鎖は細胞膜と結合しており，結合点は細胞分裂に重要な役割を果たしていると考えられている．

(2) ガス胞

水中に生活する細菌には細胞内にガス胞をもつものがある．たとえば紅色硫黄細菌，緑色細菌，ラン藻など光合成を行う原核細胞および一部の化学合成細菌には，ガスを含む構造体がある．ガス胞は単層の膜で囲まれており，ガス胞による浮力によって水中での垂直移動を行うものと考えられている．

(3) クロロソーム

光合成原核生物である緑色硫黄細菌には，細胞膜の内側に一重の膜に囲まれている光合成色素をもつ卵状の小胞，クロロソームが観察される．他の光合成細菌の光合成装置が単位膜系に存在していることから考えると，クロロソームは特殊な構造体であるといえる．

(4) カルボキシソーム

多くの光合成細菌と化学合成独立栄養細菌の細胞内には，単層の膜で囲まれたポリヘドラルボディ（polyhedral body）という膜構造体が観察される．この構造体の中には，炭酸固定に重要な役割を果たすリブロース二リン酸カルボキシラーゼが存在するため，カルボキシソームとよばれている．

(5) マグネトソーム

1975年にブレークモア（R. Blakemore）によって報告されたマグネトソームは，ある種の細菌に見つかるマグネタイト（磁鉄鉱）を含んでいる微小な膜である[9]．マグネトソームをもつ細菌は弱い磁界の中に置かれると，いずれかの磁極に向かって泳ぐことが知られていることから，マグネトソームは磁界の中での方向づけに関与していると考えられている．近年，このマグネトソームが

細菌の細胞膜の陥入によって形成されていること，また，アクチン様の繊維状タンパク質の媒介によって細胞内に整列していることが報告されている[10]．

3.4 環境に適応する細胞構造の変化

3.3節において解説した細菌細胞の構造は，生育する環境に適応して変化する場合がある．その変化も，生育条件の悪化に伴って Bacillus 属の細菌で観察される芽胞の形成のように非常に大きな構造変化から，生育温度の変化に適応するために生じる細胞膜のリン脂質を構成する脂肪酸の鎖長の変化や不飽和度の変化のように，見た目にはほとんど変化が観察されないものまでさまざまである．ここでは Bacillus 属における芽胞形成と好アルカリ性細菌の細胞表層構造の変化について述べる．

● 3.4.1 Bacillus 属における芽胞形成

グラム陽性菌の多くは，栄養源の枯渇や水分の減少など生育環境が悪化すると内性胞子（endospore）または芽胞とよばれる休眠細胞を形成し，生き延びることが知られている．芽胞形成は200もの遺伝子が関与する複雑な過程である．そのおおよその過程（a〜h）を図3.8に示す．

（a）生育環境が悪化し，増殖速度の低下した細胞内には2個の核様体が存在する．
（b）細胞の一端で隔膜の形成が始まり，一方の核様体が隔離される．
（c）その後，栄養体細胞の細胞膜でさらに囲まれ，前胞子が形成される．
（d）前胞子は栄養体細胞の内部に取り込まれた形になる．
（e）続いて，前胞子の2層の細胞膜の間にペプチドグリカンからなる皮層（cortex）が発達する．
（f）さらにその外側に外胞子殻（outer spore coat）の形成が始まる．
（g）その後，Ca^{2+} とジピコリン酸（dipicolinic acid）が細胞内に取り込まれることにより，芽胞の耐熱性が獲得される．
（h）芽胞が細胞から放出される．

また，菌種によっては最外層に外皮（exosporium）が形成される場合もあ

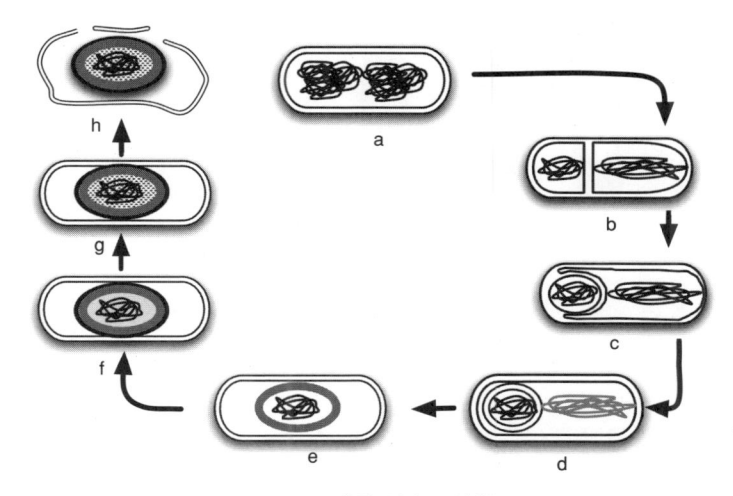

図3.8 芽胞形成の過程

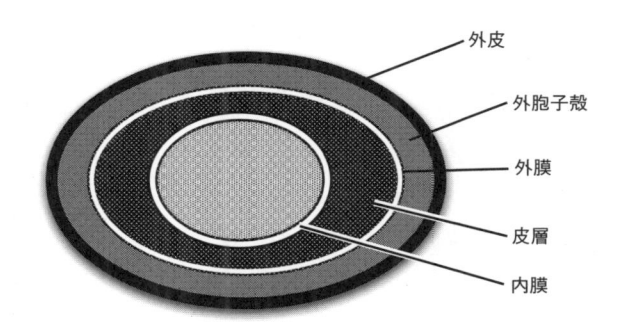

図3.9 芽胞の断面図

る（図3.9）．このようにして形成された芽胞は屈折率が高いため，位相差顕微鏡などでみると芽胞だけが強く光って見える．また，菌種によって菌体内での芽胞の形成位置や形が異なり（図3.10），枯草菌では細胞の中央に卵型の芽胞が形成される．芽胞は水分の少ない濃厚な原形質と核が厚い殻でおおわれているため，乾燥熱，化学薬品，紫外線，放射線照射に対して強い抵抗性を示す．オートクレーブによる120℃，15分間の湿熱滅菌処理では芽胞は完全に死滅するが，100℃の煮沸には耐えることができる．

3.4 環境に適応する細胞構造の変化

中央性　　　　端在性

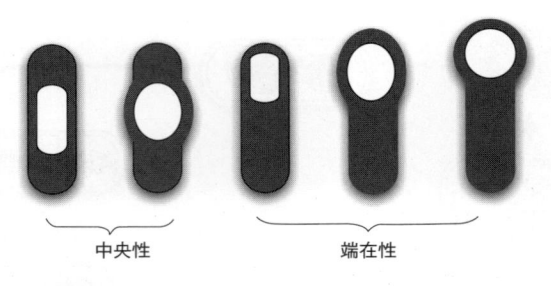

図 3.10　代表的な芽胞の形と形成される位置

● 3.4.2　表層構造と環境適応（S-レイヤーを構成する高分子とpH適応）

　好アルカリ性の*Bacillus*属細菌からプロトプラストを作製し，種々のpH環境に曝した場合，アルカリ性pHでは細胞膜が溶けて溶菌してしまうことが見いだされた．このことは細胞壁も好アルカリ性に何らかの関与をしていることを示唆していた．そこで，好アルカリ性*Bacillus*の細胞壁組成を分析した結果，S-レイヤーには酸性アミノ酸，リン酸などの酸性化合物が多量に含まれており，その含有量はアルカリ性pHで生育した菌体ほど増加し，結果として細胞壁の酸性高分子由来の負電荷が増加していた．また，好アルカリ性細菌 *Bacillus halodurans* C-125から細胞壁に通常含まれている酸性高分子を含まない変異体を作製したところ，この変異体はアルカリ性pHでの生育が悪くなることが見いだされた[11]．これらの酸性高分子は，水酸化物イオンの細胞への流入を阻止したり，pH安定性に関与するH^+やNa^+などの陽イオンを細胞表面に捕獲する能力をもつことにより，アルカリ性pHでの増殖に何らかの関与しているものと考えられている[12]．また，pHに依存したカルジオリピンの増加も大量のスクアレンの存在とともに注目されている．カルジオリピンは細胞表面へのH^+のトラップ機能を示し，スクアレンは脂質二重層のH^+透過性を減少させる機能を有していると考えられているが，これらの点についてはまだ研究の途上である[13~15]．

3.5 細菌の種類の多様性

現在までに存在が認められている細菌種は，6,000種類を超えるといわれている．それらは大きく二十数門に系統的に分類されているが，このような細菌の系統分類体系は，自然環境中に存在する細菌を平板寒天培地で培養し，コロニーを形成させ分離するという伝統的な方法による菌株の分離培養と，その細菌学的性状の分析・比較から得られた結果に基づいてつくられたものである．近年，自然環境中に含まれる 16S rRNA 遺伝子配列を標的として，直接，細菌の多様性を解析する手法が行われるようになってきた．このような手法による環境細菌相多様性解析により，細菌は非常に多様性に富むことが示唆されており，分類門の数も増えると予想される．このことは，自然界にはまだ分離培養に成功していない未知菌株が多数存在しており，かつその系統進化的なバリエーションもまた大きいことを示している．

● 3.5.1 細菌の分類

現在の細菌分類としては，表現形質（基本的な形態や生理学的性質）と遺伝学的情報を組み合わせた方法が主流であるが，形態，生育場所，栄養要求性，ヒトとのかかわり方などのさまざまな基準によっても細菌の分類は行われている．

(1) 形態的分類

細菌は顕微鏡下で観察される外部形態により大きく球菌，桿菌，ラセン菌，ビブリオなどに分けられ，さらに細菌細胞の配列により細分化されている（図3.1）．また，鞭毛では鞭毛のない無毛菌，周鞭毛（peritrichous flagella, lateral flagella）をもつ周毛菌，そして極鞭毛（polar flagella）をもつ菌に分けられる．極鞭毛をもつ菌は，さらに一端に1本だけ鞭毛のある単毛菌，両端に1本だけ鞭毛のある両毛菌，そして一端または両端に2本以上の鞭毛のある束毛菌（叢毛菌）に分けられている（図3.7）．さらに，細菌細胞の表層構造によって，細胞壁を合成せず，細胞膜が境界膜である細菌，1層の細胞壁をつくる細

菌，2層の細胞壁をつくる細菌の3種類に分けられる（グラム染色による染色性の違いとして分類される場合が多い）．また，莢膜の有無によっても分類されている．一部の細菌によってつくられる一種の休眠細胞である芽胞（胞子）形成能の有無も細菌の分類基準の一つとなっている．

(2) 生理的性質による分類

細菌のもつ特徴的な生理的性質により分類を行うものであり，次のような試験が通常行われる．硝酸塩の還元，脱窒反応，メチルレッド試験，Voges-Proskauer反応，インドールの生成，オキシダーゼ試験，O-Fテスト（糖から酸の生成の有無）などの結果により細菌を分類する．詳細については，巻末の参考図書を参照されたい．

(3) 化学的性状による分類

細菌の構成成分の化学的分析を行い，分類基準とするものである．主に呼吸鎖のキノンの分子種，細胞壁のアミノ酸組成，細胞壁の糖組成，細胞膜の脂肪酸組成などが用いられる．細胞膜の脂肪酸組成は培養温度によって影響を受ける場合があるため，2種間の比較をする場合には，培養条件をそろえておく必要がある[16]．

(4) 核酸による分類

細菌のゲノムDNAのG+C含量比，DNA-DNAハイブリダイゼーション相同性および16S rDNAの塩基配列などを分類基準とするものである．細菌のDNAのG+Cモル％は25〜75％と広いため，分類基準として利用しやすい長所がある．DNAのG+Cモル％は同一種の場合，同一属の場合でそれぞれほぼ3％以内，10％以内に収まると考えられている．現在，細菌では種の限界とされるDNA-DNAハイブリダイゼーション相同性は70％であるとされているため[17]，二つの菌株由来のDNAが70％以上の相同性を示せば同一種と考えられる．16S rDNA塩基配列は，16S rRNAがすべての種に存在しており，配列の保存性が高い．このため，系統解析には十分な情報量があり（遺伝子の長さが1,600塩基対程度），比較的変異しやすい部位も存在し，近縁な種でも比

較が可能であるなどの理由で系統解析には適している．また，さまざまな細菌種に対応するユニバーサルプライマーとPCR法（第7章2節参照）を用いることにより，遺伝子の増幅とDNAシーケンサーによる塩基配列の決定が迅速に行うことができるようになったため，現在細菌の分類にはきわめて有効な手段となっている．

(5) 生育場所・生育環境による分類

　細菌は，その生育場所により，土壌中に生育する土壌細菌，海洋に生育する海洋性細菌，皮膚の表面に生育する皮膚表在菌，腸管内に生育する腸内細菌などさまざまに分類されている．また生育環境により，好塩性細菌，中性細菌，好アルカリ性細菌，好酸性細菌，好熱性細菌，好圧性細菌，嫌気性細菌，好気性細菌，有機溶媒耐性細菌，放射線耐性細菌などに分けられている．酸素の要求性，pH環境や温度環境を基準とした分類には，さらに通性，絶対（偏性）などをつけ，"絶対嫌気性"などとして程度を表す場合も多い．

(6) 栄養的分類

　第1章においてすでに述べているが，利用するエネルギー源と，炭素源により細菌を分類する方法である．細菌は，独立栄養細菌，従属栄養細菌，光合成細菌，化学合成細菌に分けられる．また，それぞれの組合せにより，光合成独立栄養細菌（シアノバクテリア，光合成細菌），光合成従属栄養細菌（紅色非硫黄細菌），化学合成独立栄養細菌（硝化細菌，硫黄酸化細菌，鉄細菌，水素細菌），化学合成従属栄養細菌（大腸菌，枯草菌など）にさらに分類される．

(7) ヒトとのかかわり方による分類

　感染性の有無などを分類基準とした細菌の分類である．コレラ菌，赤痢菌（*Shigella dysenteriae*：志賀菌など）は代表的な病原菌として知られている．ヒトの鼻腔内などに存在するブドウ球菌（*Staphylococcus*属）のように，大部分は非病原性で，むしろ外部からの病原体の侵入を防ぐ役割の一端を担っているような細菌群を常在細菌とよぶ．ただし，常在細菌の一種である緑膿菌（*Pseudomonas aeruginosa*）のように，健康な人に感染することはほとんどな

いが，免疫力の低下した人には感染し，日和見感染（緑膿菌感染症）の原因となることもある．腸内細菌である大腸菌も常在細菌の一種である．腸内細菌は，俗にいう善玉菌，悪玉菌という分類もされている．善玉菌とはビフィズス菌（*Bifidobacterium* 属）や，*Lactobacillus* 属の細菌を指し，宿主の健康維持に貢献すると考えられている細菌である．一方，悪玉菌は *Clostridium* 属などの細菌などを含み，腐敗物質を産生するものを指す．

● 3.5.2　現代の細菌分類

　細菌の分類は，新しい知見や新しい手法の開発によって，さまざまに変化してきている．外部形態，鞭毛の有無，グラム染色性，病原性などの細菌学的性状，および糖分解能，硝酸塩の還元などの生化学的性状などがこれまでの伝統的な分類基準であった．しかしながら，新たに分離される細菌の増加に伴って，細胞膜脂質やペプチドグリカンの構成成分や構造の相違，呼吸鎖のキノン類の分子種，シトクロムの種類などの化学的性状や血清学的性状も新たな分類基準として加えられ，さらに1970年代の中期に入り，ゲノムDNAのG＋C含量比，DNA-DNAハイブリダイゼーション相同性および16S rDNAの塩基配列などが新たに分類基準として加えられた．現在の細菌分類は，表現形質と遺伝学的情報を組み合わせた方法が主流ではあるが，16S rRNA遺伝子塩基配列類似性が最も優れた手法として重要な役割を担っている．しかし，細菌の16S rDNAは細菌の染色体DNA全体のごくわずかでしかないため，16S rRNA遺伝子の塩基配列の相同性が高くても，菌自体は違う細菌種である可能性を否定することができない．実際に2菌株の16S rDNA相同値が99％以上でもDNA-DNAハイブリダイゼーション相同性が10〜65％の間に分散する場合があるため[17]，塩基配列の相同性が高くてもDNA-DNAハイブリダイゼーション相同性を確認しなければ同一菌種と断定することができないといわれている．このため，実際にはまず16S rDNAの塩基配列で属を絞り込み，続いて生理・生化学的性状および化学的性状に基づいて種の同定を行うのが普通である．

● 3.5.3　主な細菌

　グラム染色性と形態で細菌を分類し，代表的な数種類の菌とその性状につい

て簡単に述べる．

(1) グラム陽性菌

(a) ブドウ球菌（*Staphylococcus* 属）：*S. aureus*（黄色ブドウ球菌）など．通性嫌気性，グラム陽性の球菌．ぶどうの房状に繁殖する性質があり，黄色の色素を生産する．食中毒の原因菌でもある．近年，院内感染で問題になっている MRSA（methicillin resistant *Staphylococcus aureus*）は，ほとんどすべての β-ラクタム系の抗生物質（細胞壁の合成を阻害するペニシリン，セファロスポリンなどの抗生物質）に耐性を示す黄色ブドウ球菌である．ただし，この仲間は動物の皮膚，ウシの乳房，牛乳などに多く見いだされ，病原性のないものも多い．

(b) 連鎖球菌（*Streptococcus* 属）：*S. thermophilus*，*S. cremoris* などの乳酸菌や病原菌である *S. pneumoniae*（肺炎球菌）など．通性嫌気性，グラム陽性の球菌．顕微鏡観察では鎖のようにつながって見える．乳酸菌はいずれもホモ型発酵で L-乳酸を生成し，主にヨーグルト，乳酸菌飲料，ナチュラルチーズに利用される．*S. pneumoniae* は，肺炎の原因菌の一つであり，莢膜が病原性を示す主体である．

(c) バチルス（*Bacillus* 属）：*B. subtilis*（枯草菌），*B. natto*（納豆菌）など．枯草菌は好気性，グラム陽性の桿菌．胞子形成能をもち，胞子の耐熱性は強い．タンパク質やデンプンの分解力が強く，食品を変敗させる原因になることが多い．*B. natto* も，*B. subtilis* と同様にグラム陽性，好気性の桿菌であり，胞子形成能力をもつ．稲わらから分離される菌であり，蒸した大豆に植菌・繁殖させて，糸引納豆の製造に利用される．

(d) クロストリジウム（*Clostridium* 属）：*C. butyricum*（酪酸菌），*C. acetobutylicum*（ブタノール菌），*C. botulinum*（ボツリヌス菌）など．嫌気性，グラム陽性の桿菌で胞子形成能力をもつ．土壌中に多く生息し，2次汚染によって食品に混入し，悪臭を発生したり，食中毒の原因になったりする．乾熱殺菌・加圧蒸気殺菌は，この細菌の胞子が死滅する温度を目安としている．*C. butyricum* はヒトの腸管内にも生息しており糖類を強力に発酵して酪酸やブタノールを生産し，*C. acetobutylicum* はブタノールやアセトンを産生する．

C. botulinum はボツリヌス食中毒の原因菌として有名である.

(e) 乳酸桿菌 (*Lactobacillus* 属): *L. lactis*, *L. delbrueckii*, *L. bulgaricus*, *L. acidophilus* など. 通性嫌気性, グラム陽性の長桿菌. 糖類を発酵して乳酸をつくるいわゆる乳酸発酵菌である. 乳酸のみをつくるホモ発酵乳酸菌と乳酸以外にもアルコール類, 酢酸なども産生するヘテロ発酵乳酸菌がある. *L. delbrueckii* はホモ型であり, 乳酸の製造に利用される. *L. bulgaricus*, *L. acidophilus* はともにホモ型であり, 乳酸菌飲料, ヨーグルトに利用されている.

(f) 放線菌 (*Actinomycetales* 目): グラム陽性菌の細菌であるが, カビと普通の細菌との中間の微生物. 菌糸状の細菌である. 枝分かれした菌糸を形成し, 気菌糸の先端に胞子をつくる. ただし, プロピオン酸菌 (*Propionibacterium* 属), グルタミン酸菌 (*Corynebacterium* 属) などのように, このような形態的特徴を示さないものもある. DNA の G+C 含量が 70% 前後と多い. 放線菌目の細菌は抗生物質を生産する菌が多いことで重要であり, 特に *Streptomyces* 属に多い. 以下に, 菌種とその生産する抗生物質名を示す. *S. griseus*: ストレプトマイシン, *S. aureofaciens*: オーレオマイシン, *S. venezuelae*: クロロマイセチン (クロラムフェニコール), *S. fradiae*: ネオマイシン, *S. kanamyceticus*: カナマイシン.

次の 2 属は上記のように放線菌としての形態的な特徴を示さないが, 有用な菌として知られている.

プロピオン酸菌 (*Propionibacterium* 属): *P. shermanii* など. 通性嫌気性, グラム陽性の桿菌. 胞子形成能はなく, 乳酸塩や糖類からプロピオン酸をつくる. チーズ製造に使われる. スイスチーズの穴は, この菌が発生するガスによるものである.

グルタミン酸菌 (*Corynebacterium* 属): *C. glutamicum* など. 通性嫌気性, グラム陽性の短桿菌. 胞子形成能はない. これらは, 糖からグルタミン酸を産生するというアミノ酸発酵を行う代表的な菌である.

(2) グラム陰性菌

(a) ナイセリア (*Neisseria* 属): *N. meningitidis* (髄膜炎菌), *N.*

gonorrhoeae（淋菌）など．グラム陰性の双球菌であり，この2種類のみが病原性をもつ．その他のナイセリア菌は常在菌としてわれわれの口腔内にしばしば見つかる．

(b) 酢酸菌（*Acetobacter* 属）：*A. aceti*，*A. acetosum* など．酢酸菌は，好気性，グラム陰性の桿菌で，胞子はつくらない．アルコールを酸化して酢酸を生成する．食酢を生成するのに用いられる．10%のアルコール濃度でも生育する．

(c) グルコン酸菌（*Gluconobacter* 属）：*G. liquefaciens*，*G. roseus* など．好気性，グラム陰性の桿菌で，胞子はつくらない．ブドウ糖を酸化してグルコン酸を生成する．

(d) エシェリキア（*Escherichia* 属）：*E. coli*（大腸菌）など．通性好気性，グラム陰性の短桿菌で胞子はつくらない．分子生物学，生命工学などの研究で最も研究材料として利用されている細菌の一つ．乳糖を分解してガスを発生する性質をもつ．大部分は非病原性であり，ヒト，動物の腸内に生息する．

文　献

1) 小塚芳道・渡辺光太・金子清俊・八谷如美：ブルーアース'06，講演要旨，（独）海洋研究開発機構，PS23（2006）
2) Woose, C. R., Fox, G. E.：*Proc. Natl. Acad. Sci. USA*, **74**, 5088-5090（1977）
3) Sogin, S. J., Sogin, M. L. Woose, C. R.：*J. Mol. Evol.*, **1**, 173-184（1972）
4) Makula, R. A., Singer, W. E.：*Biochem. Biophys. Res. Commum.*, **82**, 716-722（1978）
5) Tornabene , T., Wolfe, G. R. S., Balch, W. E., Holzer, G., Fox, G. E., Oro, J.：*J. Mol. Evol.*, **11**, 259-266（1978）
6) Lake, A. J., Henderson, E., Oakes, M., Clark, M. W.：*Proc. Natl. Acad. Sci. USA*, **81**, 3786-3790（1984）
7) 古賀洋介・亀倉正博：古細菌の生物学（古賀洋介・亀倉正博 編集），pp.1-15，東京大学出版会（1998）
8) Koga, Y., Kyuragi, T., Nishimura, M., Sone, N.：*J. Mol. Evol.*, **46**, 54-63（1988）
9) Blakemore, R.：*Science*, **190**, 377-379（1975）

10) Komeili, A., Li, Z., Newman, D. K., Jensen, G. J. : *Science*, **311**, 242-245 (2006)
11) Aono, R., Ito, M., Machida, T. : *J. Bacteriol.*, **181**, 6600-6606 (1999)
12) Padan, E., Bibi, E., Ito, M., Krulwich, T. A. : *Biochim. Biophys. Acta*, **1717**, 67-88 (2005)
13) Clejan, S., Krulwich, T.A., Mondrus, K.R., Seto-Young, D. : *J. Bacteriol.*, **168**, 334-340 (1986)
14) Haines, T.H., Dencher, N.A. : *FEBS Lett.*, **528**, 35-39 (2002)
15) Hauss, T., Dante, S., Dencher, N.A., Haines, T.H. : *Biochim. Biophys. Acta*, **1556**, 149-154 (2002)
16) 須藤恒二・藤村葉子・倉石 衍：微生物の化学分類実験法（駒形和男 編集），pp.155-172，学会出版センター(1982)
17) Stackebrandt, E., Goebel, B. M. : *Int. J. Syst. Bacteriol.*, **44**, 846-849 (1994)

第4章

栄養素の利用とエネルギー代謝

4.1 細菌による栄養素の摂取と利用の仕組み

● 4.1.1 栄養摂取と生育環境

　細菌は単細胞であり，多細胞生物にみられるような栄養摂取のための特別な器官・組織は存在しない．したがって，光合成細菌や化学合成細菌が自家生産する有機物質は別として，細菌は栄養素として生育に必要な有機物質や無機物質を外界から細胞膜を介して摂取しなければならない．このために，細菌にとって栄養摂取の良否は死活問題である．一方，自然環境では貧弱な栄養環境が常態であり，細菌にとって栄養素との遭遇はきわめて稀である．そのため稀な遭遇であっても，その機会を活かし，貪欲ともいえる栄養摂取を行わねばならない．

　たとえば，デンプンやタンパク質などの高分子の有機物質が細胞周辺にあっても，そのままでは大きすぎて細胞膜を通過できず，細胞内には取り込めない．そこで，これら物質をあらかじめ低分子に分解するため，枯草菌（*Bacillus subtilis*）などは，菌体外にアミラーゼやプロテアーゼなどの分解酵素を分泌し，デンプンやタンパク質をグルコースやアミノ酸などに分解して，菌体内に取り込んでいる．このような菌体外分泌酵素とその生産菌を表4.1に示す．

　腸内に生息する大腸菌（*Escherichia coli*）は，腸内を通過する低分子の有

表 4.1 細菌の菌体外分泌酵素

菌体外酵素	高分子基質	細胞に移入する分子	生産菌
●多糖分解酵素			
アミラーゼ	デンプン	グルコース，マルトース	*Bacillus subtilis*（枯草菌）
ペクチナーゼ	ペクチン	ガラクツロン酸	*Bacillus polymyxa*
セルラーゼ	セルロース	グルコース，セロビオース	*Clostridium thermocellum*
キシラーゼ	キシラン	キシロビオース，キシロヘキサオース	*Bacillus pumilus*
リゾチーム	ペプチドグリカン	──	*Staphylococcus aureus*（黄色ブドウ球菌）
●プロテアーゼ			
ペプチダーゼ	ペプチド	アミノ酸	*Bacillus megaterium*（巨大菌）
●ヌクレアーゼ			
DNase	DNA	デオキシリボヌクレオシド	*Streptococcus haemolyticus*
RNase	RNA	リボヌクレオシド	*Bacillus subtilis*
●エステラーゼ			
リパーゼ	脂質	グリセリン，脂肪酸	*Clostridium welchii*（ウェルシュ菌）

機物などをもっぱら栄養素として取り込んでいる．また，マメ科植物に共生する根粒菌（第5章4節参照）のように，相互依存的な栄養関係にある細菌も存在する．さらに，*Mycoplasma*属のように，動物細胞に感染した状態でしか生きていけない細菌もいる．*Mycoplasma*は，大腸菌の約10分の1の遺伝子（470個）しかもっておらず，限られた環境下でしか生育できない．そのため，栄養環境としての動物細胞を離れては生き延びることがむずかしいことがわかる．

いずれの細菌でも，生息環境に適応した栄養摂取をしており，それが逆に，細菌にとっての生息環境を規定する要因にもなっていると考えられる．

● **4.1.2 細胞膜と担体輸送系**

細胞膜は脂質からなり，いわゆる半透過性とよばれる性質を有していることから，その膜構造が障壁となって細胞周囲に存在する物質を容易には通過させ

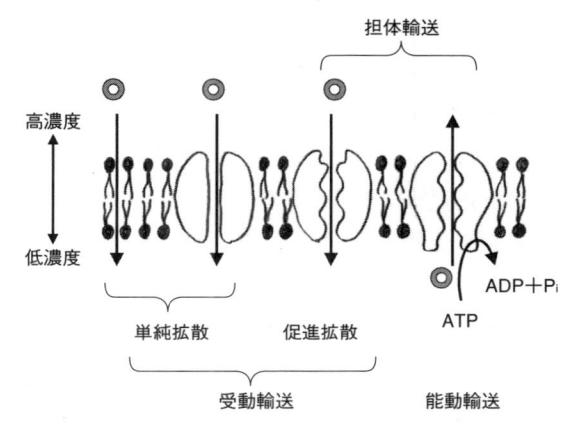

図 4.1 細胞膜での物質の輸送機構

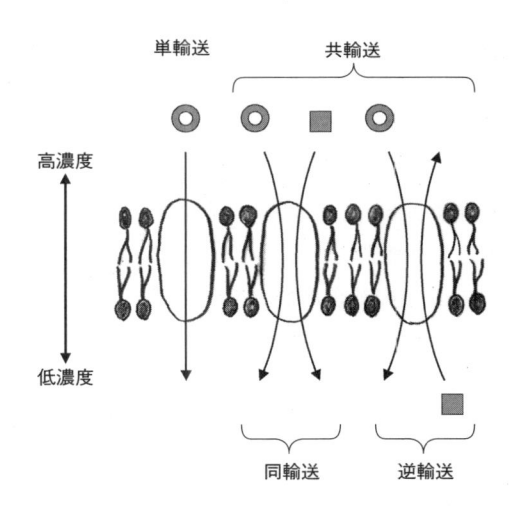

図 4.2 担体輸送の例

ない．しかし，細菌は長い進化の歴史の中で，グルコースやアミノ酸などの栄養素として重要な分子を効率的かつ選択的に摂取するために，細胞膜に特有の輸送機構を発達させてきた（図 4.1）．さらに，輸送機構における担体輸送を，輸送する物質の数で分けると，図 4.2 に示すように，一つの担体（トランスポー

4.1　細菌による栄養素の摂取と利用の仕組み　● 57

ター）で一つの物質だけが輸送される単輸送と，同時に二つの物質が輸送される共輸送（コトランスポート）とに分けられる．共輸送はさらに二つの物質が同じ方向に輸送される同輸送（シンポート）と，逆方向に輸送される逆輸送（アンチポート）に分けられる．これらの担体はタンパク質から構成されており，特定の分子だけを選択的に輸送するが，この分子の輸送が，濃度勾配に従う方向に行われる場合を受動輸送といい，勾配とは逆の方向に行われる場合を能動輸送という．

一般に，このような輸送系の作動に必要とされるエネルギーの有無により，輸送系は能動的（担体）輸送系と受動的（担体）輸送系に分けられる．能動輸送は，エネルギーの供給がないと進行せず，一般にATPがエネルギー供給体となっている．受動的輸送系は，細胞内に取り込まれた物質の濃度が細胞周囲の濃度と等しくなるとはたらきを停止するが，能動的輸送系は細胞内外の物質の濃度勾配に逆らって作動することに特徴がある．これら多様な担体輸送系の作動は，生育環境と密接な関係にある．

たとえば，大腸菌におけるグルコースの取り込みは，一群の担体輸送系の一つであるPTS系（phosphotransferase system）によることが知られているが，周囲の塩分濃度が増加すると著しく阻害される．このことは，大腸菌が非塩分環境下で生育する非好塩性細菌であることと深く関係していると思われる．しかしながら，プロリンなどの補償溶質（第6章3節参照）とよばれる低分子化合物が共存すると，図4.3に示すように，塩分によるグルコースの取り込み阻害が回復することが報告されている[1]．このような現象は，大腸菌の高塩分環境への適応機構の一端を示すものとして興味深い．

細胞内に取り込まれた有機物質は，細胞質中に存在する各種酵素（コラム4参照）により，エネルギー生産や生体分子の合成などに使用される．特に，前者を異化作用とよび，後者を同化作用とよんでいる．異化作用は，大きく発酵系と呼吸系に分けることができ，生物のATP生産に関係する主要なエネルギー代謝系をなしている．

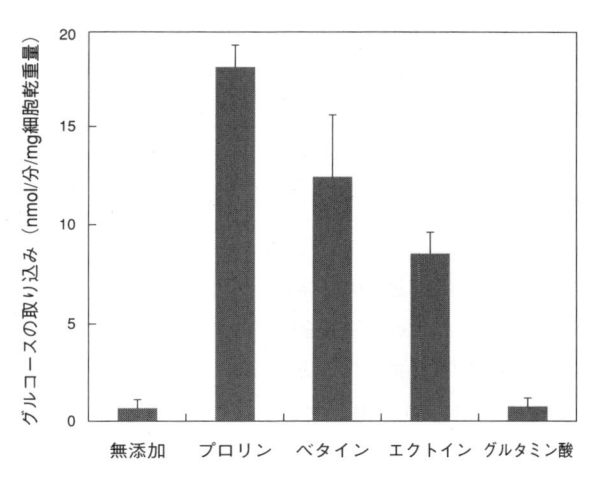

図 4.3 大腸菌の高塩分環境下（1M NaCl）でのグルコース取り込みに及ぼす補償溶質の効果

コラム 4 ● 酵素の種類とはたらき

現在，多くの酵素が知られており，その数は数千種類にもなり，今後も新しい酵素が続々と見つかるであろう．しかし，これらすべての酵素は，触媒作用の形式に基づいて次の6グループに大別し，系統的に分類することができる．

1. 酸化還元酵素（oxidoreductase）：物質の酸化や還元反応を触媒する．
2. 転移酵素（transferase）：特定の原子団（たとえば，リン酸基やアミノ基をある物質から他の物質に転移させる．
3. 加水分解酵素（hydrolase）：水の関与によって物質を分解する．
4. 除去酵素（lyase）：物質を分解するが，水を必要としない．
5. 異性化酵素（isomerase）：物質の分子内原子配位を変化させる．
6. 合成酵素（ligase）：ATPの分解によるエネルギーを利用して二つの分子を結合させる．

4.1 細菌による栄養素の摂取と利用の仕組み

4.2 細菌にみられる ATP の生産様式

● 4.2.1 ATP とは

　生物は，種々の生活活動（生物学的仕事）を行うことにより，生命を維持している．生物学的仕事には，運動のための機械的仕事，生合成を行う化学的仕事，細胞内の浸透圧を保つための浸透的仕事，膜電位を保つための電気的仕事，ある種の細菌にみられる発光的仕事などがある．このような生物学的仕事には，細菌からヒトまで，すべての生物に共通してATP（アデノシン三リン酸）を必要とする．

　ATPは，図4.4に示すように，アデノシンにリン酸基が3個連なったヌクレオシド三リン酸である．これらのリン酸基の結合部に多量のエネルギーが含まれていることから，ATPは高エネルギーリン酸化合物とよばれている．このリン酸基が解離するとき（ATPの分解）には約 7.3 kcal/mol の自由エネルギーが放出され，このエネルギーの利用によりすべての生物学的仕事がなされる．

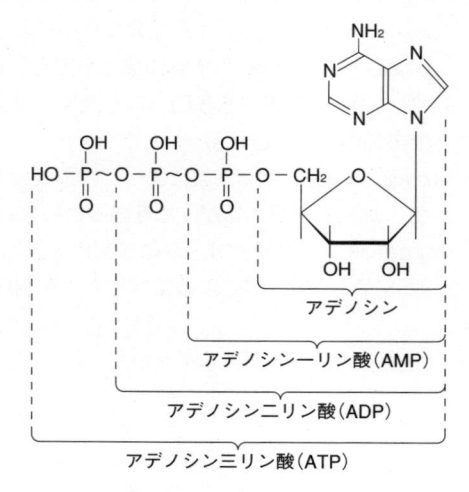

図4.4　ATP の化学構造

表 4.2　リン酸基加水分解時の標準自由エネルギー変化

リン酸化合物	$\Delta G^{0'}$ (kcal/mol)
ホスホエノールピルビン酸	−14.8
1,3-ジホスホグリセリン酸	−11.8
クレアチンリン酸	−10.3
アセチルリン酸	−10.1
ATP（→ADP+P_i）	−7.3
ADP（→AMP+P_i）	−7.3
AMP（→A+P_i）	−3.4
フルクトース-6-リン酸	−3.8
グルコース-6-リン酸	−3.3
3-ホスホグリセリン酸	−2.4

　ところで，高エネルギーリン酸化合物は ATP に限らず存在しており，必ずしも ATP が最もエネルギーレベルが高いわけではなく，生体内でみられる種々のリン酸化合物の中で，標準自由エネルギー変化は中間的である（表 4.2）．また，ATP と類似の高エネルギーリン酸化合物である GTP（グアノシン三リン酸）などのヌクレオシド三リン酸も存在するが，これらリン酸化合物の中で，ATP が生物学的仕事にもっぱら使用されている理由は不明である．おそらく，生命誕生以来の生物進化の中で，ATP に依存したエネルギー代謝が進化した結果であると思われる．

　図 4.5 に示すように，エネルギー代謝の観点から，ATP の分解と生産はバランスがとれていなければならない．特に，細胞内の ATP 含量は限られているため，ATP が生物学的仕事で消費されたならば，環境から取り込んだ栄養素の異化作用（発酵や呼吸など）により，速やかに ATP 生産が起こらなければ，エネルギー経済は破綻する．これらの ATP 生産の様式には，大きく分けて，"基質レベルでの ATP 生産" と "化学浸透圧による ATP 生産" がある．

● **4.2.2　基質レベルでの ATP 生産**

　基質レベルでの ATP 生産は，"基質レベルでのリン酸化" ともよばれ，代表例にピルビン酸キナーゼの反応系がある（図 4.6）．この ATP 生産様式は，きわめてシンプルであるので，原始生命体に最初に生まれたエネルギー生産反

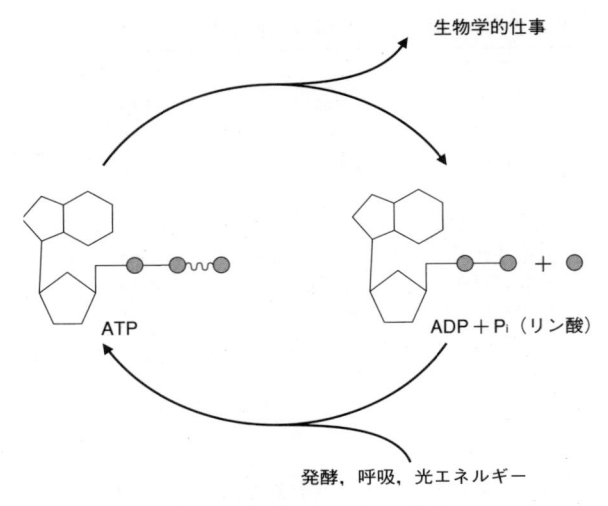

図 4.5　ATP の分解と生産

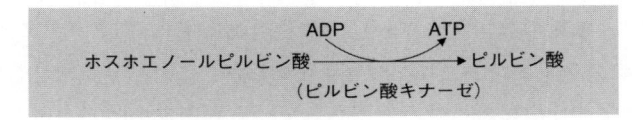

図 4.6　ピルビン酸キナーゼと ATP 生産

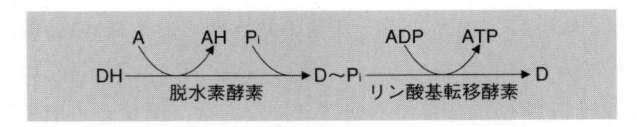

図 4.7　リン酸化された共通の中間代謝物による共役

応ではないかといわれている．このような ATP 生産は，実際の代謝系においては，図 4.7 に示すように，物質の酸化と共役した"高エネルギーリン酸結合"の生成と，その結合の ADP への転移という 2 段階から成り立っている．すなわち，水素供与体（DH）が脱水素酵素によって酸化されるときに発生する自由エネルギーで，高エネルギーリン酸結合をもった中間体（D〜P_i）が生成す

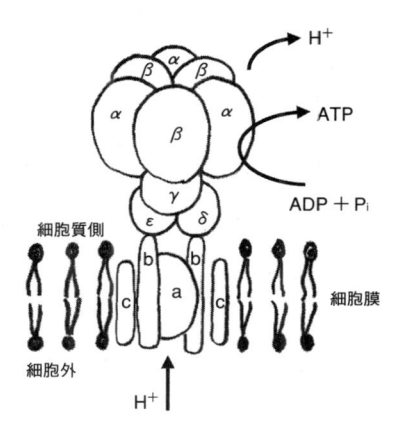

図 4.8 ATP 合成酵素（F_oF_1 複合体）の構造モデル

る．この高エネルギーリン酸結合がリン酸基転移酵素により ADP に移されて，ATP が生産される．

このような"基質レベルでのリン酸化"は，発酵や解糖のような嫌気的酸化反応系で行われているが，クレブス回路の反応系においても一部みられる．

● 4.2.3 化学浸透圧による ATP 生産

細菌の細胞膜に存在する膜タンパク質の F_oF_1 複合体は，ATP 合成酵素（ATP synthase）ともよばれ，細胞内外の H^+ 濃度勾配を介した ATP 合成に重要な役割を演じている（図 4.8）．F_1 は 5 種類のポリペプチド（α，β，γ，δ，ε）から構成されており，F_o は膜部分に合体している 3 種類のポリペプチド（a，b，c）から構成されている．この F_oF_1 複合体は，細胞質と細胞外との間で H^+（プロトン）の通路として機能しており，プロトン駆動力（proton motive force）により H^+ が F_o を通り抜けて移動するときに放出されるエネルギー（プロトン駆動力）を利用して，F_1 部分において ATP 合成を行うことができる．このような F_oF_1 複合体とそのはたらきは驚くべきことに，細菌だけでなく，真核細胞のミトコンドリアや葉緑体での ATP 合成に共通にみられるメカニズムである．

プロトン駆動力が ATP 合成の直接的なエネルギー源であるという化学浸透

圧説（chemiosmotic theory）が，ミッチェル（P. Mitchell）によって1961年に最初に提唱された当時は疑問視する研究者が多かった．しかし，その後，生体膜や膜タンパク質が精製され，それを再構成する技術が開発されるに従い，支持する証拠が得られるようになった（コラム5参照）．特に，ミッチェルの化学浸透圧説が強く支持されるようになったのは，図4.9に示すような実験が可能となったことによる．すなわち，F_oF_1複合体を含む葉緑体チラコイド小胞をホウレン草から調製し，暗黒中でpH 4.0の緩衝液で平衡化するとチラコイド小胞内もpH 4.0となる．そこで，ADPとP_i（無機リン酸）を含むpH 8.0の溶液に手早く移すと，ATPの急速な合成がみられた．この結果は，チラコイド膜を介して10,000倍（10^{-4} M 対 10^{-8} M）のH^+濃度の勾配があり，それに

コラム5 ● 化学浸透圧説の支持の変遷

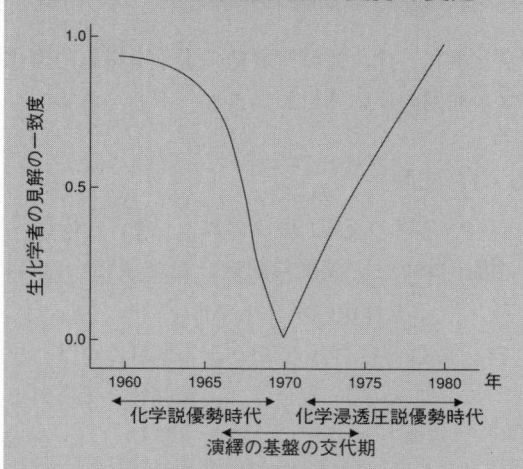

図 ATP合成の共役機構に関する見解の一致度

ATP合成の共役機構については，化学浸透圧説と化学説（酸化還元のエネルギーが，高エネルギー中間体を介してATP合成のエネルギーに用いられるという考え）の2説が提案され，図に示されているように1970年ころまでは化学説が有力であった．しかし，結局のところ化学説で提案された高エネルギー中間化合物は存在せず，逆にミッチェル（P. Mitchell）が提唱する化学浸透圧説が支持される実験結果が次々と提出され，認められることとなった．このような経験をもとにミッチェルは，「実験結果そのものの限界や科学の予見性について，謙虚な態度で検討して初めて，真理に近づくことができる」と述べている．［Mitchell, P. 著，香川靖雄 訳：生化学, **57**, 61-63（1985）］

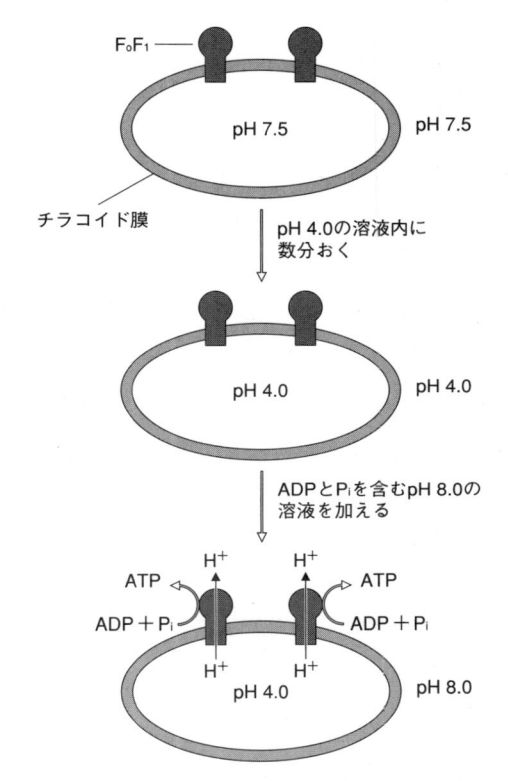

図4.9 人工的な水素イオン濃度勾配の作製とATP合成のモデル実験系

よって生じるプロトン駆動力によりATP合成が引き起こされることを示している．また，ミトコンドリアにおいても同様の実験結果が得られている．これらの結果は，F_oF_1複合体がATP合成酵素であり，このATPの生成はH^+濃度の勾配によるプロトン駆動力に依存していることを明確に支持している．

細菌細胞においては，プロトン駆動力は，細胞膜に存在する電子伝達系（第4章5節参照）により，細胞壁と細胞膜の間のペリプラズム（第3章3節参照）にH^+が蓄積することにより生じる．したがって，プロトン駆動力は，膜の両側でのH^+の濃度差（pH勾配：ΔpH）と，膜を隔てて電荷を分離したことに起因する膜電位（$\Delta\Psi$）が合わさって形成されたものであり，これを電気化学的ポテンシャルとよぶ．このようなプロトン駆動力によりF_oF_1複合体で生成

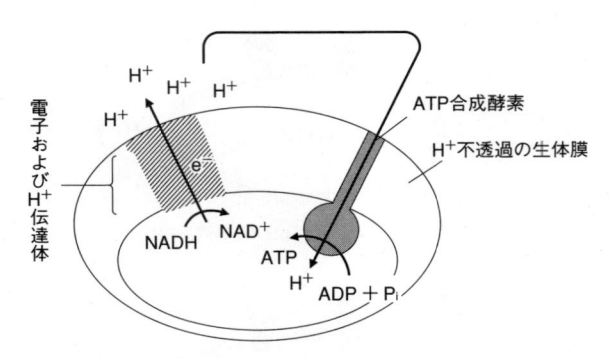

図4.10 電子伝達反応と共役したATP合成反応の模式図

されるATPとH⁺の間の化学量論的な測定を行うと，形成されるATP 1個あたり4個のH⁺が使われていることがわかっている．このようなプロトン駆動力によりなされるATP生産のメカニズムは細菌細胞だけでなく，ミトコンドリア内膜や葉緑体のチラコイド膜においても存在する．図4.10に一般化した概念図として，電子伝達反応により生成されるH⁺とATP合成の関係を模式化して示す．

細胞膜はすべてのイオンや物質に対して基本的に不透過なので，排出や取り込みなども電荷の移動を伴い，それによって細胞内に通常負の電位差が発生する．一方，細胞内外におけるH⁺の濃度差も生じる（一般細菌では，通常，細胞内が細胞外に比べてアルカリ性となっている）．両者の濃度勾配がH⁺の電気化学ポテンシャルに寄与し，細胞がH⁺を細胞内に引き込もうとする力として働く．代謝エネルギーはH⁺の電気化学ポテンシャルとして保存されるが，これを自由エネルギー変化（ΔG）として記述すれば，下記のようになる．

$$\Delta G = \Delta \mu_{H^+} = F \Delta \Psi + 2.3 RT \log([H^+]_i/[H^+]_o)$$

ここで，$\Delta \Psi$ は膜電位，$\Delta \mu_{H^+}$ は細胞内外におけるH⁺の電気化学ポテンシャル差と定義される．さらに，$\Delta pH = pH_i - pH_o$，25℃で $2.3 RT$ を $T = 25$℃，ガス定数 $R = 8.3$ J/mol・K，F（ファラデー定数）$= 96.5$ kJ/V・mol を用いて変形すると，

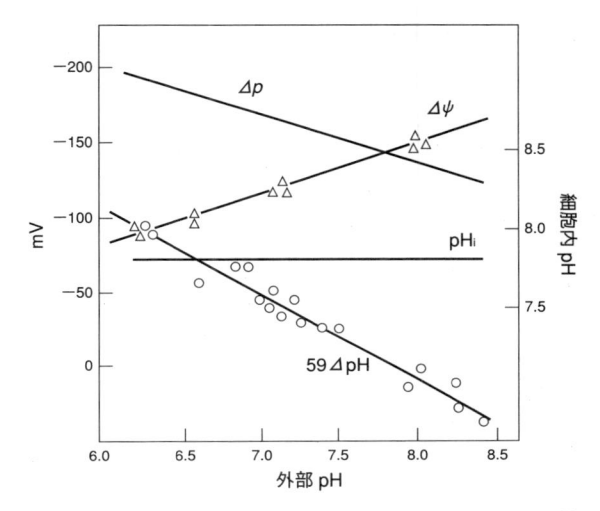

図 4.11 大腸菌におけるプロトン駆動力（Δp）の外部 pH 依存性

$$\Delta \mu_{H^+}/F = \Delta p = \Delta \Psi - 59 \Delta pH$$

となる．Δp が，実はプロトン駆動力である．

Δp, $\Delta \Psi$, ΔpH の具体的な相関を示す例として，外部 pH を変化させたときの大腸菌における変化を図 4.11 に示す[2]．これによれば，pH 勾配は細胞外 pH が酸性域で最大となっている．たとえば，pH 6.0 のときには電位差は -110 mV に達しているが，pH 7.8 では 0 mV にまで減少する．一方，$\Delta \Psi$（膜電位）は -100 mV から -150 mV に若干増加しているので，結果として全体のプロトン駆動力（Δp）は，酸性からアルカリ性に変化することによって -200 mV から -130 mV にまで減少している．この相関において重要なことは，細胞内 pH が全外部 pH 領域においてもほとんど変化がなく，一定の 7.8 であることである．このシステムによって，細胞内 pH が外部 pH 変化に柔軟に対応していることがわかる．

生物が生存するためには，いくつかの仕事が必要であり，そのためのエネルギーとしてプロトン駆動力あるいは ATP が用いられる．プロトン駆動力によっ

て行われる仕事として，次の3種類をあげることができる．
(1) 電子伝達と ATP 合成
(2) 溶質やイオンの取り込みと排出
(3) 細胞の運動（鞭毛の回転）

4.3 細菌のいろいろな発酵と解糖系

● 4.3.1 細菌にとって発酵とは

　有史以前から，アルコール発酵を利用したブドウ酒やビールなどの酒づくり（コラム6参照）は行われていたが，その発酵のメカニズムが解明されたのは近代になってからである．1857年に，パスツール（L. Pasteur）はアルコール発酵が微生物の酵母によるものであること，そしてそれは酵母の生活現象の一環であることを報告した．また，彼は，腐敗現象としてブドウ酒が変質して酸っぱくなるのは周囲から混入した酢酸菌によるものであり，酢酸発酵が原因であること，また乳酸発酵は乳酸菌によることなどを明らかにした．このような発酵や腐敗現象は，それぞれの微生物が生きていくための生活活動と密接な関係にあり，生成する発酵産物であるアルコールや乳酸などは代謝の最終産物であることが理解されるようになった．したがって，当初は，発酵は生きている微生物でないと起こらない生命現象であると信じられていた．
　しかし，1897年にブフナー兄弟（E. Buchner & H. Buchner）は，偶然にも酵母のしぼり汁でアルコール発酵が起こることを発見した．このしぼり汁には生きている酵母細胞は存在しないことから，酵母のしぼり汁（＝無細胞抽出液）での発酵は，細胞内で起こるアルコール発酵という生命現象の一端を，試験管の中で再現させることを可能とした．したがって，この成果は，生命現象の解明にとって画期的な第一歩となった．この研究以降に，発酵には一連の種々の酵素が働いていること，そしてこれら酵素とエネルギー生産との関係の解明など，現在の生化学への道が大きく開かれた．
　発酵は，嫌気的条件下で O_2 を利用しないで有機物を分解し，生物が生命現象に必要なエネルギーを得る異化代謝系である．一般に，発酵の基質として利

用されるものは炭水化物であるが，細菌の種類によっては，有機酸，アミノ酸，プリン，ピリミジンなどがある．しかし，多糖類やタンパク質などの高分子化合物はそのままでは利用できず，加水分解酵素などにより低分子に分解された後に発酵基質となり，発酵の代謝系に流れ込む．このような発酵によるエネルギー代謝に依存して生きていく細菌には，完全な嫌気生活をする絶対嫌気性細菌と，空気のあるところでもないところでも生活できる通性嫌気性細菌とがある．通性嫌気性細菌は，空気があれば発酵系から酸素呼吸系にエネルギー代謝

コラム6 ● 日本の酒

　世界の多くの地方には，古くから文化として固有の酒がある．ワインやビールなどは，紀元前の数千年前からつくられていたとされているが，日本の酒のはじまりははっきりしない．文献上では，中国の史書の『魏志倭人伝』の中に，倭国の葬送の習俗として記載されている文章にわずかにうかがえる．その文章とは，「喪主哭涙シ他人就ヒテ歌舞飲酒ス」であり，ここに"酒"の文字が存在する．当時は，卑弥呼のいた古墳時代の紀元200年から300年あたりであるが，この時代には，すでに"酒"は日常生活に十分に普及していたと推察できる．この"酒"が日本酒であるかどうかは判然としないが，すでに稲作も始まっていたことから，米からつくる日本酒であると考えたい．

　国内の文献としては，『播磨国風土記』(713年)が初見であり，そのなかに「ある神社の大神の御粮（おもの，米の飯）が枯れてカビが生じたので，それで酒を醸（かも）さしむ」と書かれている．米を使用したコウジカビの糖化による日本酒の醸造として，内容は乏しいものの貴重な記録である．酒づくりの技術として火入れの記録が，奈良興福寺・多聞院の僧侶の作業日誌である『多聞院日記』にある．1560年5月20日付けの箇所に，「酒を煮させ樽に入れておわる」とあり，この日以降に火入れ作業の記載が頻繁にあり，文章の内容から当時の火入れ温度は50〜60℃で5〜10分間程と推定される．これは，現在の日本酒づくりでの火入れの方法とそう変わりのないものであり，いわゆる"低温殺菌法"である．酒の保存と劣化を防ぐ"低温殺菌法"の開発は，西洋では1850年代にパスツール（L. Pasteur）によりワインやビールでなされたが，日本ではすでに300年も前に日本酒で行われていたことは特筆に値する．

を切り替えることができる．

　原始地球の大気中には，O_2 が含まれていなかったことから，当時の生物のエネルギー代謝はすべて無酸素的に有機物を異化する発酵系であったと思われる．この原始発酵系から，現存する細菌にみられる多様な発酵系が生じたものと推察できる．

● **4.3.2　解糖系とピルビン酸処理系：NAD^+ の還元と酸化**

　現存する細菌には多様な発酵系が存在するが，個々の酵素が反応に関与する代謝系として眺めた場合に，それぞれの発酵系を大きく二分してとらえることができる．すなわち，栄養素として摂取されたグルコースなどが異化作用を受けて中間代謝産物であるピルビン酸になるまでの反応系と，ピルビン酸がさらに代謝されてエタノールや乳酸ができるまでの反応系である．前者を解糖系とよび，後者をピルビン酸処理系とよんでいる（図 4.12）．解糖系は，ADP と P_i から ATP を生産するエネルギー代謝系であるが，一方，補酵素 NAD^+（図 4.13）が還元されて NADH になる酵素反応も存在する．これらの ADP や

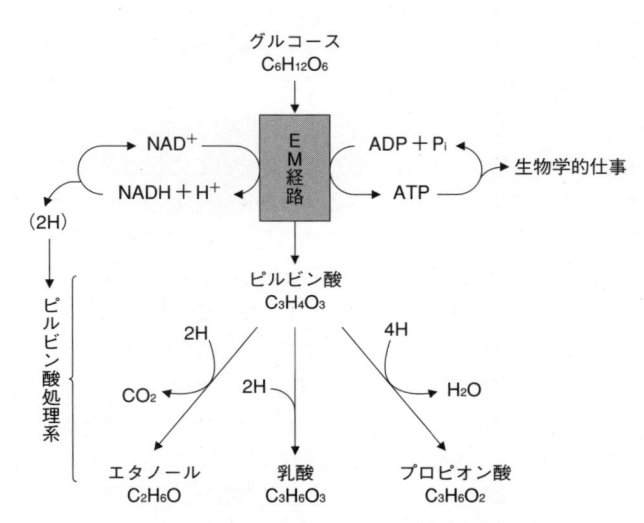

図 4.12　発酵系における解糖系とピルビン酸処理系の概念図
　　　　EM 経路：エムデン-マイヤーホフ経路（解糖系）．

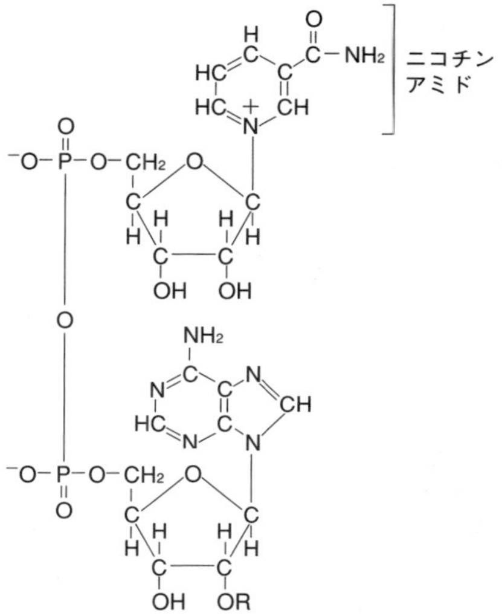

図4.13　補酵素のNAD$^+$とNADP$^+$

生体系の多くの酸化還元反応では，1対の水素原子（2個のH$^+$と2個の電子）が分子から除去される．H$^+$1個と電子2個がNAD$^+$に転移され，H$^+$1個は溶液中に放出される．したがって，全体の反応は次のように書くことができる．

$$NAD^+ + 2H^+ + 2e^- \longleftrightarrow NADH + H^+$$

NADP$^+$は，リン酸基が一つ加わっている以外はNAD$^+$と構造が同じである．

NAD$^+$の細胞内含量は少なく，全部がATPやNADHになると解糖系は作動しなくなる．しかし，生産されたATPは生命活動の維持のための生物学的仕事により，ただちにADPとP$_i$に分解されADPが再供給されるが，NADHに関しては別途の処理系が必要である．図4.12に示すように，生じたNADHを酸化してNAD$^+$を再供給する酸化反応系は，ピルビン酸処理系として，ピルビン酸から各種の発酵産物が生じる過程と連動している．細菌にみられる各種発酵形式の違いは，解糖系で生産されたNADHを再利用するために，酸化型のNAD$^+$にするピルビン酸処理系のパターンの違いとみることができる．

4.3　細菌のいろいろな発酵と解糖系

● **4.3.3 解糖系の種類とATP生産**

　解糖系にはいくつかの種類があるが，細菌界を含め広く生物界に分布しているのは，エムデン-マイヤーホフ経路（EM経路）である．EM経路は，図4.14に示すように，グルコースからピルビン酸に至る反応系であり，細胞質に溶存する10種類の酵素の触媒により進行する．すなわち，グルコースは，菌体に取り込まれる際に，ATPを使用したリン酸化によりグルコース-6-リン酸となる．続く反応段階で，グルコース-6-リン酸は異性化され，さらにリン酸化されてフルクトース-1,6-二リン酸となる．ここまでの反応で，2分子のATPが消費されたことになる．フルクトース-1,6-二リン酸は，アルドラーゼによりジヒドロキシアセトンリン酸とグリセルアルデヒド-3-リン酸に分解される．しかし，ジヒドロキシアセトンリン酸は，トリオースリン酸イソメラーゼにより異性化し，グリセルアルデヒド-3-リン酸に変わる．したがって，1分子のグルコースは，実質的に2分子のグリセルアルデヒド-3-リン酸に変化したといえる．

　グリセルアルデヒド-3-リン酸は，NAD$^+$により酸化されNADHが生じるとともに，同時にこの酸化反応で生じたエネルギーで新たにリン酸が結合する．このようにして高エネルギーリン酸結合をもった1,3-ジホスホグリセリン酸が生じる．続く反応段階で，この高エネルギーリン酸結合がADPに移されATPが生産される．生じた3-ホスホグリセリン酸のリン酸基の低エネルギー結合は，リン酸基の転移と続く脱水反応で高エネルギーリン酸結合に変わり，ホスホエノールピルビン酸となる．この高エネルギーリン酸結合がADPに移されてATPが生産され，ピルビン酸が生じる．つまり，1分子のグリセルアルデヒド-3-リン酸からピルビン酸になる反応系で，2分子のATPが生産される．したがって，EM経路全体をとおしてみると，1分子のグルコースから，2分子のATPが消費され4分子のATPが生産されることから，正味2分子のATPが得られることになる．

　EM経路において，グリセルアルデヒド-3-リン酸からピルビン酸までの反応系は，この反応系でのみATP生産の起こることに加えて，後述する別の解糖系においても共通していることから，この部分は特に古い起源をもつと考え

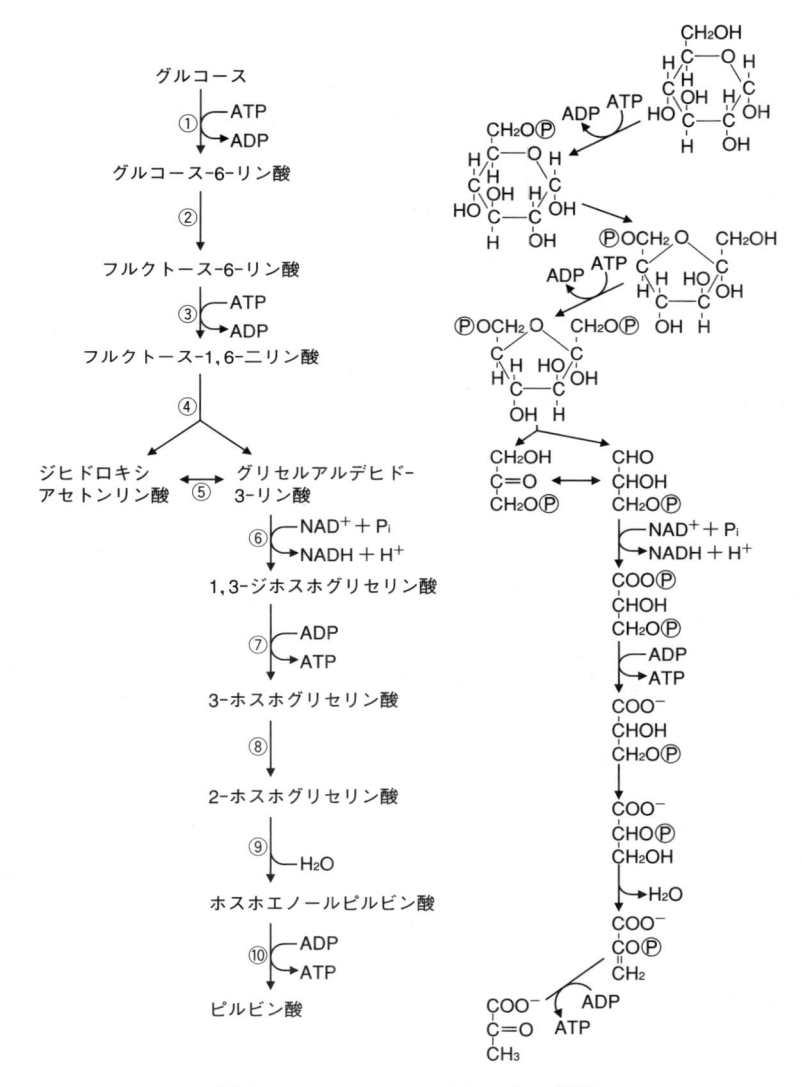

図 4.14 エムデン-マイヤーホフ経路
①ヘキソキナーゼ，②グルコースリン酸イソメラーゼ，③ホスホフルクトキナーゼ，④アルドラーゼ，⑤トリオースリン酸イソメラーゼ，⑥グリセルアルデヒド-3-リン酸デヒドロゲナーゼ，⑦ホスホグリセリン酸キナーゼ，⑧ホスホグリセロムターゼ，⑨エノラーゼ，⑩ピルビン酸キナーゼ．

4.3 細菌のいろいろな発酵と解糖系

```
                    グルコース(C₆)
                        │ ┌ATP
                        ↓→ADP
                グルコース-6-リン酸(C₆)
                        │ ┌NAD⁺
                        ↓→NADH＋H⁺
                6-ホスホグルコン酸(C₆)
                        │
                2-ケト-3-デオキシ-6-
                ホスホグルコン酸(C₆)
                    ┌───┴───┐
                    ↓       ↓
              ピルビン酸(C₃)  グリセルアルデヒド-3-
                            リン酸(C₃)
                                │ ┌2ADP
                                ↓→2ATP
                                ┆ ┌NAD⁺
                                ↓→NADH＋H⁺
                            ピルビン酸
```

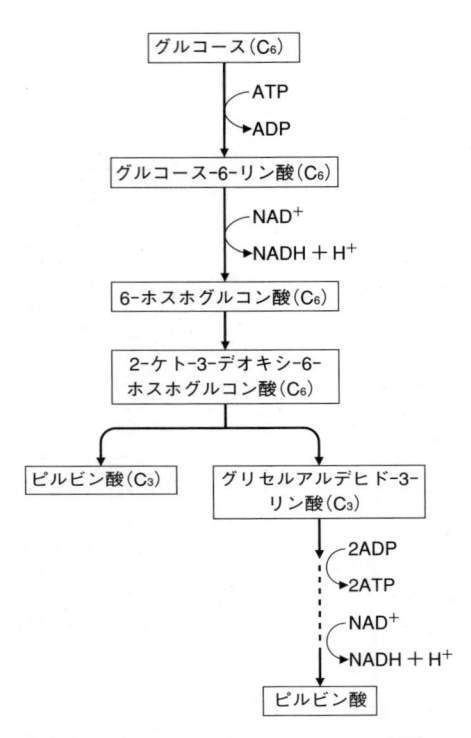

図4.15　エントナー-ドードロフ経路

られ，"原始発酵系"ともいわれている．

　EM経路以外の解糖系として，エントナー-ドードロフ経路（図4.15）とホスホケトラーゼ経路（図4.16）がある．前者は，*Zymomonas*属や*Pseudomonas*属の細菌にみられるもので，この経路はEM経路のグルコース-6-リン酸から分流し，6-ホスホグルコン酸を経て2-ケト-3-デオキシ-6-ホスホグルコン酸となり，再びグリセルアルデヒド-3-リン酸でEM経路に合流する．一方，後者は，乳酸菌などにみられるもので，やはり，EM経路のグルコース-6-リン酸から分流する6-ホスホグルコン酸を経てリブロース-5-リン酸となり，さらにキシルロース-5-リン酸となり，グリセルアルデヒド-3-リン酸でEM経路に合流する．いずれの解糖系も，1分子のグルコースから1分子のグリセルアルデヒド-3-リン酸しか生じない．したがって，これら解糖系は，EM

```
                    グルコース(C₆)
                        │ ATP
                        │↘ ADP
                        ▼
                グルコース-6-リン酸(C₆)
                        │ NADP⁺
                        │↘ NADPH + H⁺
                        ▼
                6-ホスホグルコン酸(C₆)
                        │ NADP⁺
              CO₂ ↙     │↘ NADPH + H⁺
                        ▼
                リブロース-5-リン酸(C₅)
                        │
                        ▼
                キシルロース-5-リン酸(C₅)
                   ┌────┴────┐
                   ▼         ▼
            アセチルリン酸   グリセルアルデヒド-3-
               (C₂)          リン酸(C₃)
                │              │ 2ADP
                │              │↘ 2ATP
                ▼              │ NAD⁺
           エチルアルコール     │↘ NADH + H⁺
              (C₂)             ▼
                             ピルビン酸
```

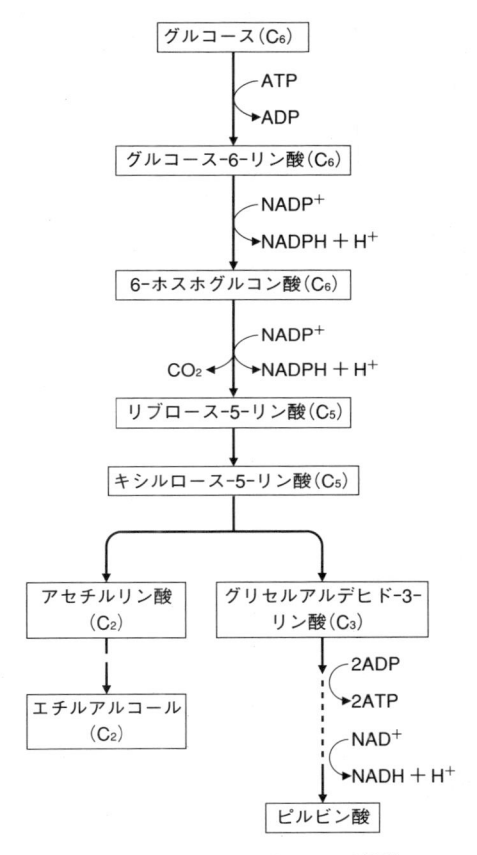

図 4.16 ホスホケトラーゼ経路

経路と比較すると1分子のグルコースあたりのATP生産効率は2分の1であり，一部の細菌には存在するものの生物界において主要なエネルギー代謝系となっていないことが理解できる．

さらに，ATP生産と関係しないが，解糖系として，DNAやRNAを合成するためにリボースなどの5炭糖を供給したり，同化経路で用いられる強力な還元剤であるNADPHを生産するペントースリン酸回路がある（図4.17）．この解糖系では，グルコースのリン酸化によって生成したグルコース-6-リン酸は，酸化，脱炭酸をとおしてリブロース-5-リン酸に変化する．ついで，4,5,6およ

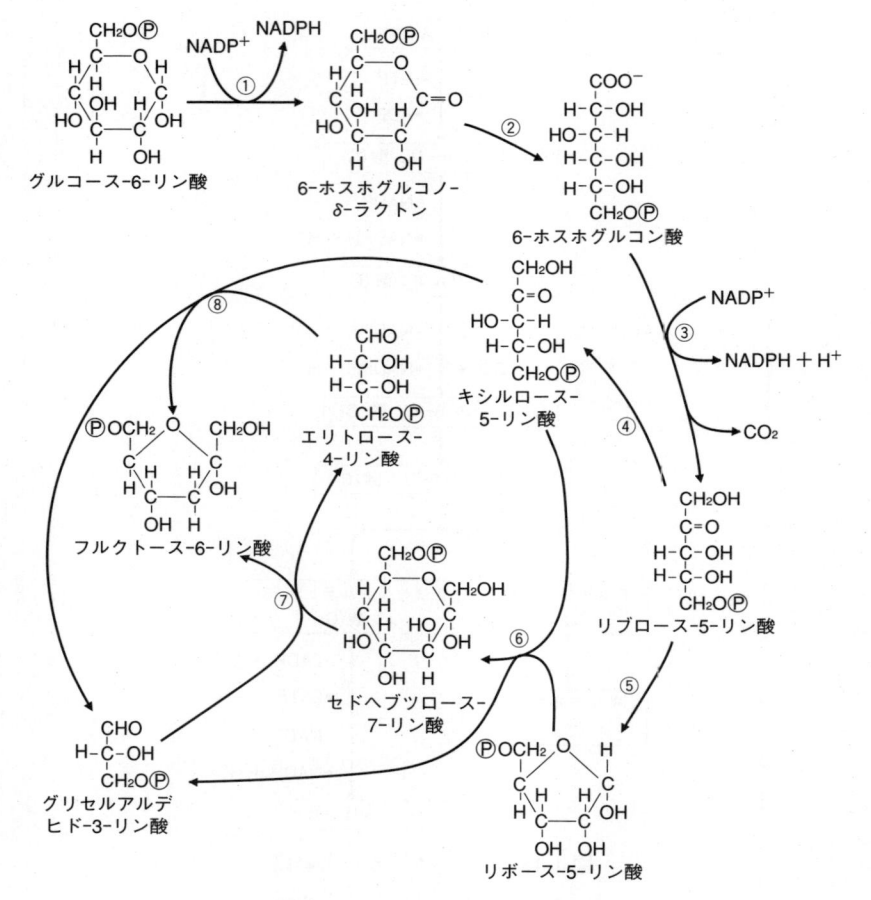

図 4.17　ペントースリン酸回路
①グルコース-6-リン酸デヒドロゲナーゼ，②6-ホスホグルコノラクトナーゼ，③6-ホスホグルコン酸デヒドロゲナーゼ，④リブロースリン酸エピメラーゼ，⑤リボースリン酸イソメラーゼ，⑥トランスケトラーゼ，⑦トランスアルドラーゼ，⑧トランスケトラーゼ．

び7炭糖への一連の反応を経て，グリセルアルデヒド-3-リン酸でEM経路に合流する．ペントースリン酸回路は，現存するすべての生物がもっている解糖系であり，その起源は相当に古いと考えられる．なお，興味深いことに，光合成細菌や化学合成細菌で行われる炭酸同化はカルビン-ベンソン回路で行われ

```
                    グルコース
                        ↓
                   グルコース-6-リン酸
         ┌──────────┤         ├──────→ ペントースリン酸経路
         ↓                    ↓                   │
  エントナー-ドードロフ経路                          │
         │                    │          ホスホケトラーゼ経路
         │                    ↓                   │
         │            グリセルアルデヒド-            │
         │               3-リン酸  ←───────────────┘
         │                    ↓
         └──────────→  ピルビン酸 ──────→ エチルアルコール
                  エムデン-マイヤーホフ経路
```

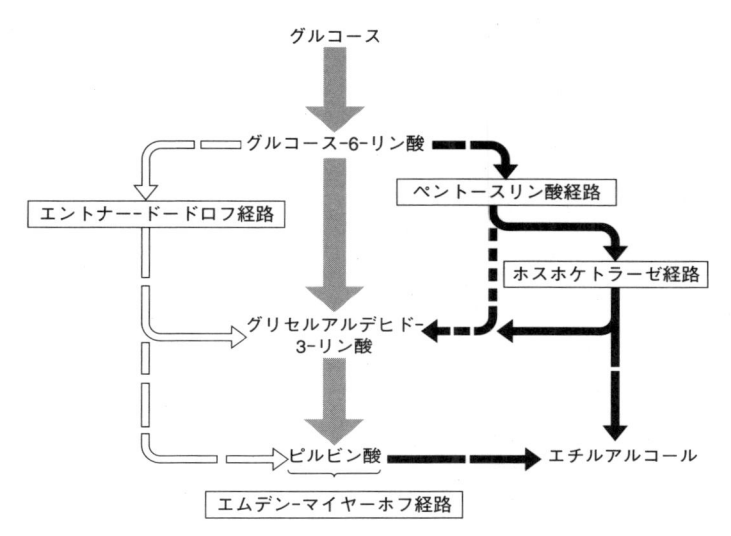

図 4.18 エムデン-マイヤーホフ経路とその分流系（概念図）

るが，実はこれはペントースリン酸回路の逆流である．

これまで述べてきたように，各種の解糖系は EM 経路を中心に相互に関連しあって発展したものであることが推察される．これらを一つの図にまとめると，図 4.18 のようになる．グルコースからピルビン酸の EM 経路を中心に置いてみると，中間体であるグルコース-6-リン酸とグリセルアルデヒド-3-リン酸において，各種の解糖系が分岐と合流をしていることがわかる．特に，グリセルアルデヒド-3-リン酸からピルビン酸の反応系は共通であり，同時に ATP 生産の経路でもあることから，"原始発酵系" といわれている．

● 4.3.4 いろいろな発酵系

すでに述べたように，発酵では，解糖系において生産された還元型の補酵素 NADH を，ピルビン酸処理系で酸化し NAD^+ に変換するとともに，発酵産物が生成する．細菌の種類により，表 4.3 に示すように，種々の発酵産物ができる．これら発酵産物は細菌にとってはいわば廃棄物であるが，それぞれの細菌を特徴づけるものにもなっている．

表4.3 各種の細菌が行う発酵

発酵	発酵産物	細菌名
アルコール発酵	エチルアルコール, CO_2	多くの乳酸菌 (真核生物では, 子嚢菌)
アセトン・ブタノール発酵 (酪酸発酵)	ブタノール, アセトン, 酢酸, CO_2, 酪酸, イソプロパノール, H_2	アセトン・ブタノール菌 (*Clostridium acetobutylicum*), 酪酸生産菌 (*Bacillus macerans*)
ブタンジオール発酵	2,3-ブタンジオール, 乳酸, 酢酸, コハク酸, ギ酸, CO_2, H_2	クレブシエラ (*Klebsiella*), *Bacillus polymyxa*, アエロモナス (*Aeromonas*), セラチア菌
プロピオン酸発酵	プロピオン酸, 酢酸, コハク酸, 酢酸, CO_2	プロピオン酸菌 (*Propionibacterium*), ベーロネラ (*Veillonella*)
カプロン酸発酵	カプロン酸	*Clostridium kluyveri*
ホモ乳酸発酵	乳酸	ホモ乳酸発酵菌 (*Streptococcus, Staphylococcus, Pediococcus, Lactobacillus*)
ヘテロ乳酸発酵	乳酸, エチルアルコール, 酢酸, CO_2	リューコノストック (*Leuconostoc*), 乳酸桿菌の数種
混合発酵	乳酸, 酢酸, コハク酸, ギ酸, エチルアルコール, H_2, CO_2	腸内細菌 (大腸菌, 赤痢菌, サルモネラ菌, プロテウス), クレブシエラ, *B. polymyxa*
アミノ酸発酵	グルタミン酸	*Corynebacterium glutamicum*, ブレビバクテリウム (*Brevibacterium*)

　また，代表的な発酵産物のピルビン酸からの生産経路を，図4.19に示す．細菌の種類により異なるものの，種々の有機酸やアルコール産物が生産される．特に注目されるのは，グルタミン酸発酵とプロピオン酸発酵である．これらの発酵経路を眺めると，クレブス回路（後述）の構成メンバーが存在していることがわかり，クレブス回路の起源を考える上で興味深い．

　なお，*Clostridium* 属の細菌において，電子伝達系の関与する発酵として，"水素発酵"，"スティックランド反応"，"硝酸塩発酵" などが知られている．これらの発酵において，脱水素酵素により離脱した水素が，NAD^+ によって他の分子に受け渡されるが，最終電子（水素）受容体に至るまでに，電子伝達体が介在する発酵である．

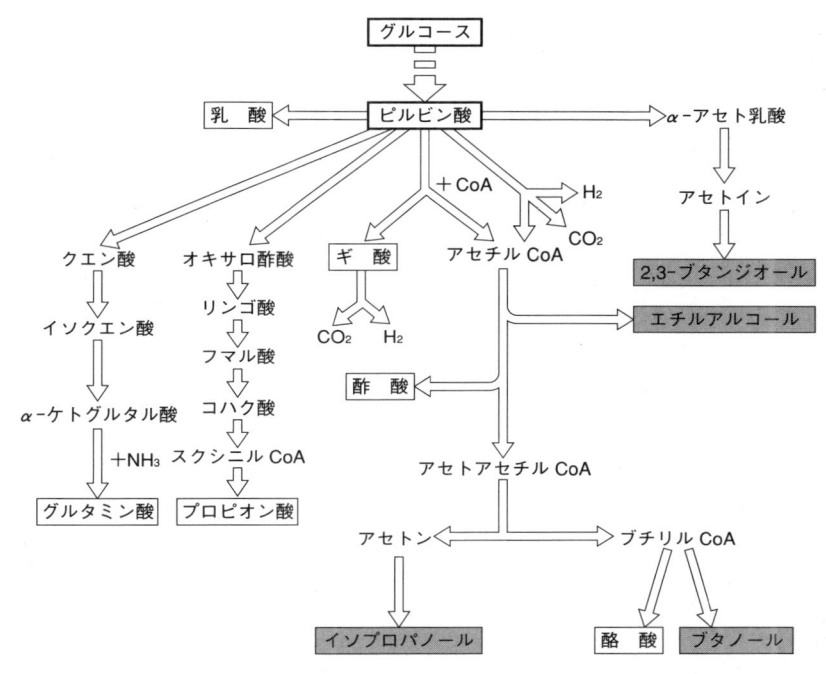

図 4.19 ピルビン酸からの代表的な発酵産物の生産経路
　　　　□：有機酸，■：アルコール．

(1) 水素発酵

Clostridium 属の一部の細菌にみられる反応で，ピルビン酸の一部が直接還元されず，脱炭酸と脱水素とが進行し，アセチル CoA を経てアセチルリン酸になり，基質レベルでの ATP 合成が起こる（図 4.20）．一方，除去された電子はフェレドキシンをへてヒドロゲナーゼの作用により H_2 となって放出される．この H_2 生成がどんどん進めば，アセチル CoA，さらにアセチルリン酸ができ，ATP が次々と生成することになる．

(2) スティックランド反応

Clostridium 属のヒドロゲナーゼをもたない細菌にみられる現象で，タンパク質の異化において，嫌気的条件下でアミノ酸同士の間で酸化還元が起こる反

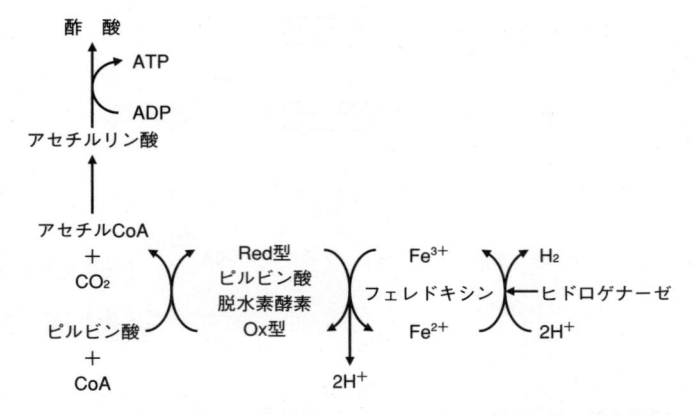

図4.20 *Clostridium pasteurianum* などにみられる水素発酵

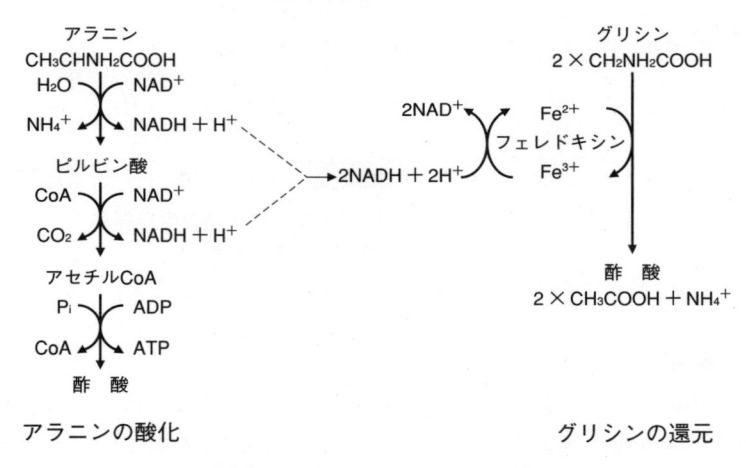

図4.21 スティックランド反応

応である．たとえば，アラニンとグリシンが与えられると，図4.21に示すように，アラニンが酸化されアセチルCoAを経てATPが生産される一方，その際に生じるNADHの処理にグリシンが利用される．

(3) 硝酸塩発酵

Clostridium 属の *C. perfringens* や *C. tertium* では，グルコースの発酵が，

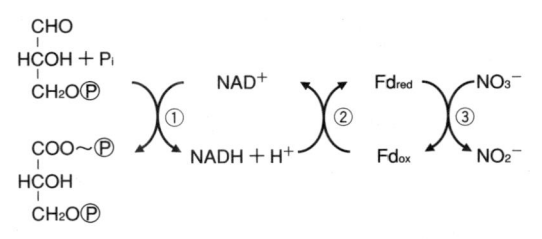

図 4.22 硝酸塩発酵の主要反応系
①トリオースリン酸脱水素酵素，②NADH-フェレドキシンオキシドレダクターゼ，③硝酸塩還元酵素．P_i：リン酸，⑪：リン酸基．また，Fd_{ox}, Fd_{red} はそれぞれ，フェレドキシンの酸化型と還元型．

硝酸塩の添加によって促進される．これは，解糖系で生成する NADH をピルビン酸処理系で酸化して発酵産物をつくる一方で，硝酸によっても NADH を酸化する反応である．図 4.22 に示すように，グリセルアルデヒド-3-リン酸の酸化が促進され，したがって，ATP の生産が増加する．これは，後述する硝酸呼吸と似ているが，促進される ATP 生産が基質レベルで行われている点が呼吸と異なっているので，硝酸塩発酵とよばれている．

4.4 好気性細菌によるピルビン酸の利用経路：クレブス回路と電子伝達系

● 4.4.1 クレブス回路の特徴

好気性細菌では，O_2 存在下では，ピルビン酸はピルビン酸脱水素酵素複合体（pyruvate dehydrogenase complex）により，脱水素と脱炭酸が行われ，アセチル CoA を生じる．この複合体は，CoA，NAD^+，FAD，チアミンピロリン酸，リポ酸の五つの補酵素を必要とする三つの酵素（ピルビン酸酵素，リポ酸トランスアセチラーゼ，ジヒドロリポ酸脱水素酵素）からなる巨大分子である．アセチル CoA は，クレブス回路として知られている環状経路を通して完全に酸化される（図 4.23）．この回路は，1937 年にクレブス（H. A. Krebs）によって提唱され，別名として TCA 回路やクエン酸回路ともよばれるが，好

図 4.23 クレブス回路

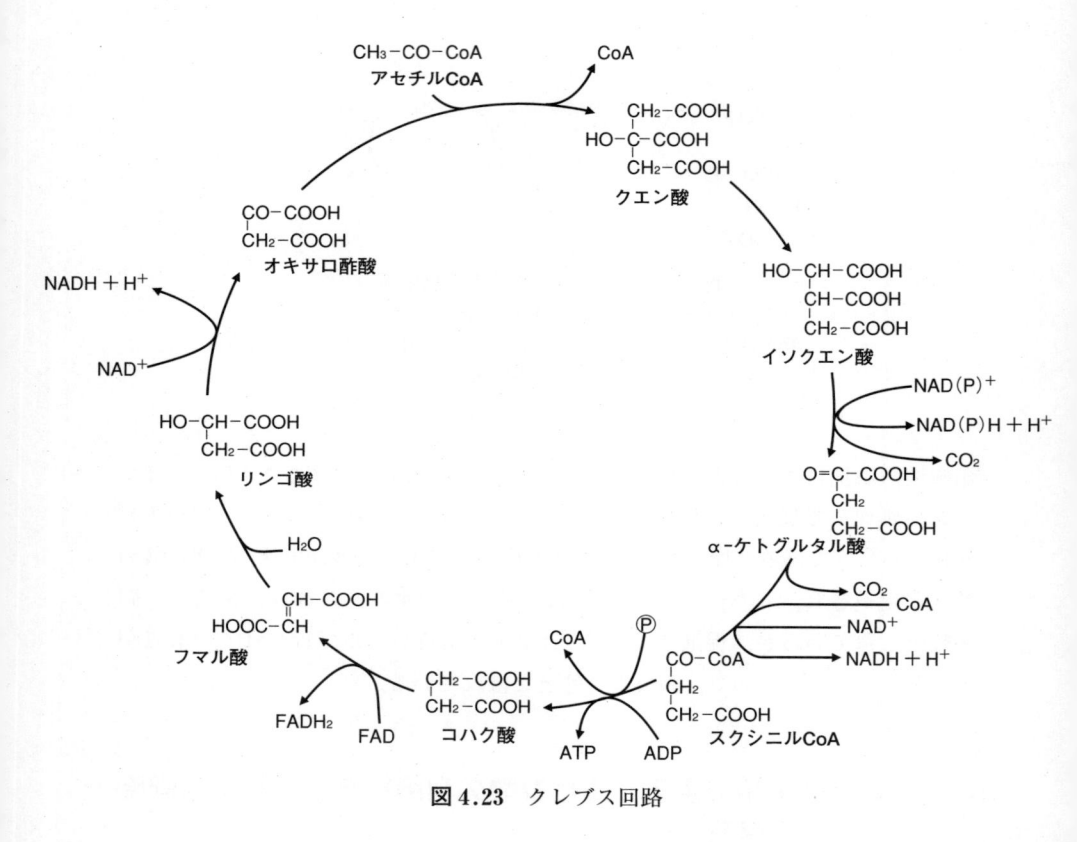

気的従属栄養細菌における ATP 生産にかかわる主経路である.

　アセチル CoA は，オキサロ酢酸と縮合してクエン酸になりクレブス回路に入る．すなわち，炭素原子 2 個と 4 個の化合物が縮合して，6 炭素化合物となる．クレブス回路では，この 6 個の炭素原子のうちの 2 個は二酸化炭素になり，残りの 4 個はオキサロ酢酸の再生に使われる．一方，この回路が一巡すると，アセチル CoA のアセチル基に含まれる水素は，酸化型補酵素を還元して NAD(P)H または $FADH_2$ となる．また，スクシニル CoA の加水分解やリンゴ酸がつくられるときに取り込まれる水分子の水素からも NADH がつくられるので，結局 1 個のアセチル基から 8 水素が離脱されたことになる．これらの水素は，後述する"電子伝達系"に受け渡され，多量の"化学浸透圧による ATP 生産"

に関与する．

クレブス回路そのものには，分子状酸素 O_2 は直接関与しないが，回路の産物である NAD(P)H または $FADH_2$ が O_2 で再酸化されないと，この回路は働けない．すなわち，解糖系と異なり嫌気的な条件下では進行しない回路である．

ところで，クレブス回路においても"基質レベルでの ATP 生産"として，図 4.23 にみられるようにスクシニル CoA からコハク酸への変換と共役して ADP と P_i から ATP 生産する反応が存在する．一方，真核細胞のミトコンドリアにおいても同様のクレブス回路が存在するが，スクシニル CoA からの反応は ADP の代わりに GDP が使用され GTP が生じる．しかし，その GTP が ATP 生産と共役するので，結局 1 分子の ATP が生産されることでは同じである．

● 4.4.2 クレブス回路の進化的起源

クレブス回路は，種々の代謝系へと分流する三つの代謝前駆体（α-ケトグルタル酸，スクシニル CoA，オキサロ酢酸）を含んでいる．興味深いことに，ほとんどの絶対嫌気性細菌は，これら代謝前駆体を発酵などにより合成することができる（図 4.19）．このことは，クレブス回路のほとんどの酵素をもっていることになるが，α-ケトグルタル酸とスクシニル CoA の間のステップのα-ケトグルタル酸脱水素酵素を欠くため，回路を形成できない．しかし，クレブス回路の進化的起源として，これら嫌気性細菌の発酵系，特にグルタミン酸発酵系とプロピオン酸発酵系の寄与が考えられる．すなわち，グルタミン酸発酵とは，ピルビン酸からクエン酸，イソクエン酸を経てα-ケトグルタル酸に至り，さらにアミノ基を結合してグルタミン酸を生成する経路である．一方，プロピオン酸発酵は，ピルビン酸からオキサロ酢酸，リンゴ酸，フマル酸，コハク酸を経て，さらにスクシニル CoA およびプロピオン酸を生成する経路である．クレブス回路は，この両者がα-ケトグルタル酸脱水素酵素により結合し，スクシニル CoA 生成までの経路を逆流させる回転代謝であることが強く示唆される．

4.5 酸素の利用と呼吸代謝

● 4.5.1 細菌の電子伝達系の種類とその機能

クレブス回路などで多量に生産された還元型補酵素の NADH などに結合している水素が，膜内在性タンパク質からなる電子伝達系（水素伝達系）に受け渡され，一連の酸化還元反応により，H^+（プロトン）が細胞膜の外に排出され，細胞壁と細胞膜の間のペリプラズムに蓄積する．この H^+ の濃度勾配が，プロトン駆動力となり，ATP 合成酵素により ATP 生産が起こる（第 4 章 2 節参照）．大腸菌の電子伝達系の模式図を，図 4.24 に示す．

電子伝達系の構成成分として，以下のような酸化還元酵素が関与する．
① FMN（フラビンモノヌクレオチド）を補酵素とする NADH 脱水素酵素
② 非ヘム鉄-硫黄タンパク質（FeS）
③ CoQ（ユビキノン）

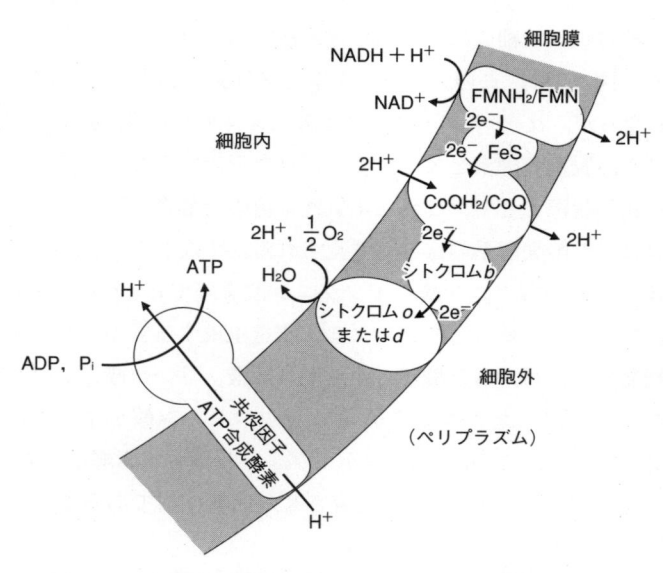

図 4.24　大腸菌細胞膜における電子伝達系の配置モデル

④シトクロム類:ポルフィリンと2価の鉄からなるヘムを補欠分子族とするヘムタンパク質

これらの構成成分の中で，特にシトクロム類は細菌の種類によってかなり異なっている．通性嫌気性である大腸菌においては，電子はシトクロム b から末端酸化酵素であるシトクロム o または d に直接渡るが，好気性である枯草菌や脱窒菌の *Paracoccus denitrificans* では，シトクロム b からシトクロム c_1，c を経由して末端酸化酵素であるシトクロム aa_3 に渡る．これら枯草菌などの好気性細菌の電子伝達系が，ミトコンドリアの内膜に存在する電子伝達系と酷似しており，細胞進化を考える上において興味深い．

電子伝達系は，実は呼吸代謝に限ったことではなく，後述する光合成や化学合成のような独立栄養代謝にも備わっている．

● **4.5.2 好気呼吸と嫌気呼吸**

多くの細菌では，NADH や $FADH_2$ などを電子供与体として，分子状酸素 (O_2) を最終電子受容体とする，いわゆる好気呼吸によって ATP 生産を行う．しかし，一部の細菌では，最終電子受容体として酸素以外の無機化合物などを用いることがある．このような，無酸素状態で行われる呼吸代謝を嫌気呼吸とよんでいる．嫌気呼吸を行う細菌の種類としては，酸素が存在すれば好気呼吸を行う通性嫌気性細菌と，酸素が存在する環境では生育できない絶対嫌気性細菌がいる．嫌気呼吸にはいろいろな様式があるが，主なものに硝酸（または亜硝酸など）を用いる硝酸塩呼吸や，硫酸（またはチオ硫酸など）を用いる硫酸塩呼吸などがある．以下に嫌気呼吸の例を示す．

(1) 硝酸塩呼吸

多くの通性嫌気性細菌や一部の絶対嫌気性細菌にみられるもので，電子伝達系は好気呼吸と同じであるが，末端酸化酵素のシトクロムの代わりに，硝酸塩還元酵素や亜硝酸塩還元酵素が働く．

(2) 硫酸塩呼吸

硫酸塩呼吸は，最終電子受容体として硫酸塩などの硫黄酸化物を還元するも

ので，絶対嫌気性の硫酸塩還元細菌や *Clostridium* 属の一部に限ってみられる．硫酸塩呼吸では，細胞膜結合性の脱水素酵素やヒドロゲナーゼなど，好気呼吸での電子伝達系とはかなり異なる独自の電子伝達系が存在する．

(3) フマル酸塩呼吸

硫酸塩呼吸における硫酸塩の代わりにフマル酸塩を利用する細菌がいる．プロピオン酸菌やプロテウス菌などは，NADH をフマル酸で酸化して生育に必要なエネルギーを得ている．このフマル酸還元による ATP 生産は呼吸と同じく電子伝達と共役して起こるので，フマル酸塩呼吸とよばれている．

(4) 炭酸塩呼吸

絶対嫌気性のメタン生成細菌は，炭酸塩を電子受容体として，H_2 やギ酸を電子供与体としてメタン（CH_4）を生ずる．これらの菌は嫌気的条件下で生育し，メタンの発生を引き起こすことから，従来はメタン発酵とよばれていた．しかし，発酵系の特徴である基質レベルでの ATP 生産がまったく起こらず，むしろ化学浸透圧的に ATP 生産を行っていることから，メタン発生は発酵ではなく，呼吸の一種と考えられるようになった．

4.6 環境適応とエネルギー代謝

● 4.6.1 有害な分子状酸素に対する細菌の生存戦略

生命が誕生した時代の地球環境は，分子状酸素 O_2 の存在しない嫌気的な環境であった．しかし，第1章で述べているように，生物進化で光合成細菌としてシアノバクテリアが出現し，光合成反応で O_2 を放出するようになり，いわゆる好気的な大気環境が出現するに従い，生物は強力な酸化力を有する O_2 の有害性に曝されるようになった．当時の多くの生物はそのため死滅したと推測されているが，O_2 の有害性に対して対処できるようになった生物は生き残ることができたと思われる．そのような生存戦略として，図 4.25 のような三つの対処機構が考えられる．すなわち，(i) O_2 環境からの逃避，(ii) O_2 の有害性の

(1) 逃避：嫌気性生物

　　↓ 進化の方向

(2) 有害性の除去（解毒酵素の出現）
　　　微好気性/通性嫌気性生物

　　↓ 進化の方向

(3) 有効利用系の出現：好気性生物

図 4.25　有害な酸素に対する生物の対処機構

$$2O_2^- + 2H^+ \xrightarrow{SOD} H_2O_2 + O_2$$
$$H_2O_2 + H_2O_2 \xrightarrow{CAT} 2H_2O + O_2$$
$$H_2O_2 + H_2X \xrightarrow{POD} 2H_2O + X$$

図 4.26　O_2 の有害性を除去する酵素類
SOD：スーパーオキシドジスムターゼ，CAT：カタラーゼ，POD：ペルオキシダーゼ，O_2^-：スーパーオキシド，H_2O_2：過酸化水素.

除去，(iii) O_2 の有効利用である．そして，この順に生物は進化したと考えられる．

(i) **O_2 環境からの逃避**：このパターンは，現在も絶対嫌気性細菌にみられるもので，湖沼，河川，海洋の低泥層や土壌中などの嫌気性環境に生息するという戦略である．

(ii) **O_2 の有害性の除去**：強力な酸化力を有する O_2 は，生体と接触すると，細胞内にスーパーオキシド（O_2^-）や過酸化水素（H_2O_2）を形成する．これら過酸化物はきわめて反応性に富み，種々の生体物質を酸化し細胞を死滅させるものである．したがって，これら過酸化物を分解し有害性を除去するために，図 4.26 に示す酵素系を有する生物が存在する．これら，スーパーオキシドジスムターゼ（SOD），カタラーゼ（CAT），ペルオキシダーゼ（POD）は"解毒酵素"ともよばれている．

細胞内で形成されたスーパーオキシドは，SODの不均化反応の触媒作用により速やかに過酸化水素とO_2に変化する．生成した過酸化水素は，CATあるいはPODによって，水などに分解される．この酵素系が繰り返し機能することにより，O_2の有害性の除去がなされることから，生物はO_2環境下でも生きることが可能となる．

　これらの"解毒酵素"は，絶対嫌気性細菌にはみられないが，通性嫌気性細菌や好気性細菌（真核生物も含めて）に存在する．しかしながら，好気性細菌といえども解毒酵素の作用限界があり，酸素濃度が高くなり現在の大気濃度の20％（容積率）を大きく超えると影響が出てくる．一方，好気性とされている細菌の中でも，2〜10％の酸素濃度が好適で，それ以上になると弊害がでるものがあり，これらを微好気性細菌とよぶこともある．

　通性嫌気性細菌である大腸菌を嫌気的に培養した場合には，これら3種の"解毒酵素"は菌体内にはほとんど認められないが，好気的に培養した場合は著しい生成量がみられる．これらの結果は，生命の歴史の中で，O_2環境に曝され始めた時代の生物進化を反映しているかもしれない．

　(iii) **O_2の有効利用**：呼吸代謝と関係する電子伝達系において，NADHやFADH$_2$などの電子供与体の酸化に続く一連の反応で，分子状のO_2を最終電子受容体とすることにより，O_2を有効利用している（第4章5節参照）．このようなO_2の有効利用は，(ii)に述べた解毒酵素を有している通性嫌気性や好気性の細菌にみられる．最終電子受容体として，理論的には必ずしもO_2である必要はないが，いわゆる好気呼吸として，多くの生物（真核生物も含めて）で，O_2の強力な酸化力（酸化還元電位）が有効に利用されているといえる．

　一方，細菌では，O_2を利用する電子伝達系がすべて細胞膜系に存在していることから，細胞の外がO_2環境であっても酸素呼吸が盛んになされれば，細胞内は嫌気状態が維持される可能性がある．例として，*Azotobacter*属は好気性の窒素固定細菌であり，生物的な窒素固定を触媒する酵素ニトロゲナーゼをもっているが，この酵素はO_2によって急速かつ不可逆的に失活する（第5章4節参照）．*Azotobacter*に特有の高い呼吸速度は，O_2環境下でニトロゲナーゼを保護し窒素固定を進行させるために，O_2を速やかに取り除くことと関係があると思われる．もしそうであれば，電子伝達系によるO_2利用は，多くの細

菌にとって細胞内を嫌気状態に保ち，O_2の有害性から身を守る手段にもなることを示唆している．

● 4.6.2 発酵と呼吸におけるエネルギー効率

進化的にみて，エネルギー代謝は発酵系から呼吸系へと展開したと考えられる．ATP生産のエネルギー効率からみても，利用できる栄養素が限られた場合には，その有利さは格段のものがある．たとえば，1分子のグルコースがATP生産にすべて使用されたとすると，解糖系（EM経路）を経てピルビン酸からアルコール発酵などに回った場合は，わずか2分子のATP収量であるが，図4.27に示すように，ピルビン酸からクレブス回路に入り電子伝達系で処理された場合は合計38分子のATP収量となる．（真核細胞では，解糖系でできたNADHが，ミトコンドリアに入る際にシャトル機構によりFADH$_2$となるため，合計36分子のATP収量である．）つまり，呼吸を利用すれば，発酵に比べてより少ない量の栄養物質の摂取でより多くのATP量が得られることになる．しかも，呼吸の最終産物であるCO_2とH_2Oは，発酵産物のアルコールや乳酸などと比べてほとんど毒性がない．

酵母は，嫌気的条件下ではアルコール発酵を行い，グルコースからCO_2とエタノールを生産するが，好気的条件下では呼吸を行い，グルコースを完全酸化してCO_2とH_2Oにする．興味深いことに，アルコール発酵を行っている酵母を，酸素を供給して好気的条件下にすると，発酵が停止すると同時に，グルコースの消費速度が急速に低下する．このように，発酵が酸素によって抑制される現象は，細菌から高等生物まで広く存在することが知られており，最初の発見者パスツールの名にちなんでパスツール効果（Pasteur effect）とよばれている．このような現象は，酸素によってクレブス回路が回転してクエン酸やATPが蓄積してくると，これらがEM経路の酵素であるフルクトースリン酸キナーゼの作用をアロステリック的に抑制するためと考えられている．いずれにしても，エネルギー生産効率の著しく高い酸素呼吸を適応的に獲得した生物が，生存戦略上は有利であることはいうまでもない．

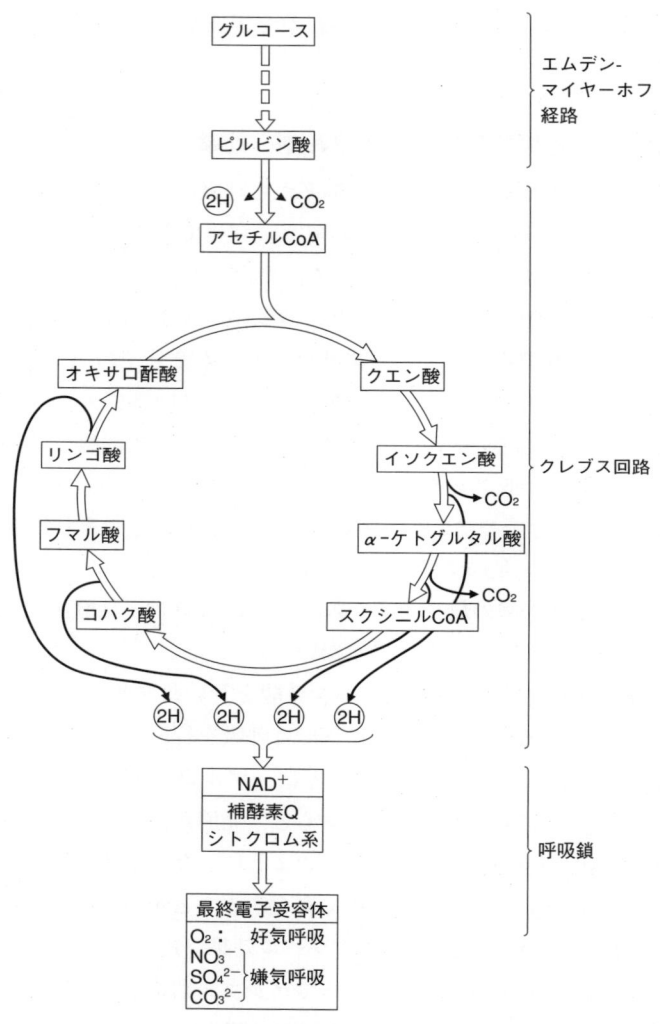

図 4.27 呼吸代謝の全体像

● 4.6.3 呼吸系酵素合成の調節と環境適応

　前述したパスツール効果は，すでに細胞内に存在する酵素活性の変化が原因であるが，培養中の培地に含まれるグルコースや酸素の有無により，酵素の合

成量が変化し，そのため呼吸や発酵の強さが変動することがある．酵母は真核生物であり，呼吸系酵素が局在するミトコンドリアをもっているが，培養中に高濃度のグルコースが存在すると呼吸系酵素の合成が抑制され，不完全なミトコンドリアしか認められない．同様の現象は，酵母を嫌気的に培養した場合でも観察される．しかし，これらの菌体を通気すると，呼吸系酵素の生成とともにミトコンドリア構造の完成がみられることなどが知られている．このような酵母に関する研究は，呼吸代謝の調節と環境適応の観点から，1930年代から活発な研究がなされている．

一方，細菌での研究は多くはないが，大腸菌においては，酵母と同様の呼吸系酵素の変動などに関して，日野らによって詳細に報告されている[3]．すなわち，大腸菌を嫌気的に生育させると，クレブス回路を中心とする諸酵素の活性は，好気的に生育させた場合に比べて著しく低下すること，同様の活性の低下は培地中に添加する高濃度のグルコースの存在によっても起こることなどである．さらに，グルコースの存在下で嫌気的に生育した大腸菌を短時間通気した場合，図4.28に示すように，クレブス回路の各酵素の活性が著しく増加し好気的に生育したレベルに近づくこと，さらに，この活性の増加はタンパク質合成阻害剤であるクロラムフェニコールによって阻害されることなどを明らかにしている．

これらの結果は，酸素がクレブス回路の諸酵素合成の誘導に著しい影響を与えることを示しており，逆に無酸素の環境では不必要な酵素合成はしないなど，大腸菌が変化する環境下で有利に生き抜く戦略の一つととらえることができる．一方，グルコースによる酵素合成の抑制は，一般にカタボライト抑制（catabolite repression）として知られている現象である（第7章1節参照）．カタボライト抑制は，特に呼吸系酵素の合成にのみ特徴的にみられる現象ではないが，グルコースなどの栄養素が多量に使用可能であれば，酸素を利用する呼吸代謝系に頼る必要はなく，関連する酵素合成のための余分な生体エネルギーの消耗を抑える有効な仕組みと考えられる．

糖の利用と酸素の存在という微生物の栄養環境への対応について，特に大腸菌に注目して話を進めてきたが，大腸菌ひとつを取り上げてもその適応の仕組みの精妙さに驚かされる．自然界での栄養環境は，本来的には貧弱であり，そ

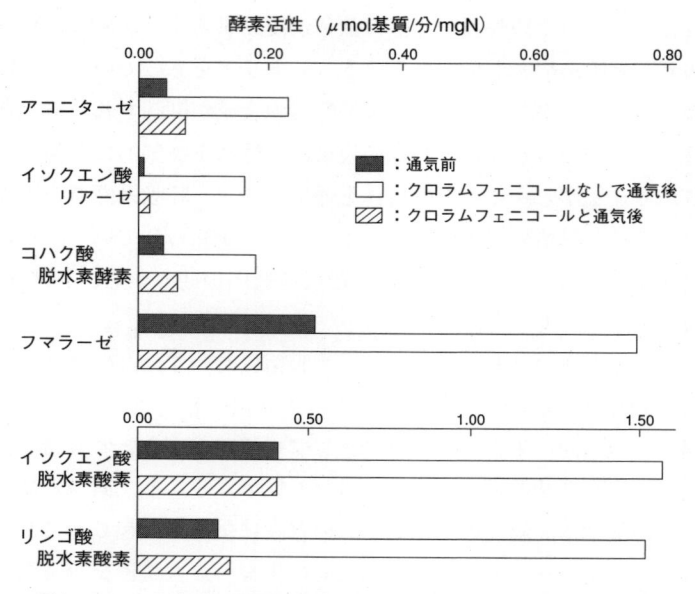

図 4.28 通気による大腸菌の酵素活性の増大とクロラムフェニコールによる阻害

の上に刻々と変動する．このような環境下への適応機構は，微生物にとって生き抜くために必須のものであり，酵母や大腸菌を含め他の細菌に関してもさらなる研究の展開が待たれる．

文　献

1) Nagata, S., Maekawa, Y., Ikeuchi, T., Wang, Y. B., Ishida, A. : *J. Biosci. Bioeng.*, **94**, 384-389（2002）
2) Kashket, E. R. : *Biochemistry*, **21**, 5534-5538（1982）
3) 日野精一：蛋白質 核酸 酵素, **16**, 959-969（1971）

第5章

自ら栄養をつくり出す細菌

5.1 無機物から有機物を合成する細菌

すでに第1章3節で独立栄養について取り上げている．無機物の二酸化炭素を原料として，有機物である炭水化物を合成する独立栄養細菌または無機栄養細菌の話である．そこで扱った細菌は光合成細菌と化学合成細菌であったが，この章ではこれら細菌群における炭酸固定の仕組みや固定のために必要なエネルギーの獲得方法なども取り上げ，より詳しくみていくことにする．

また第2章2節で窒素循環に触れ，この中で窒素固定を扱っているが，これは，栄養であるアミノ酸やタンパク質の原料として利用するため，無機物の分子状窒素を選択し，細胞内に取り込んで同化している現象であるととらえることができる．したがって窒素固定細菌は，自ら栄養をつくり出す細菌と考えても不合理ではなく，この章で1項目を与えることにした．

5.2 光合成細菌

光合成が成立し，二酸化炭素から有機炭素化合物が出来上がるためには，以下のような条件が必要である．すなわち，光が受容されること，受容された光のはたらきで色素が強い還元剤となって酸化還元電位の非常に低い物質を還元状態にすること（光化学系），次第に酸化還元電位の高い物質に電子を受け渡

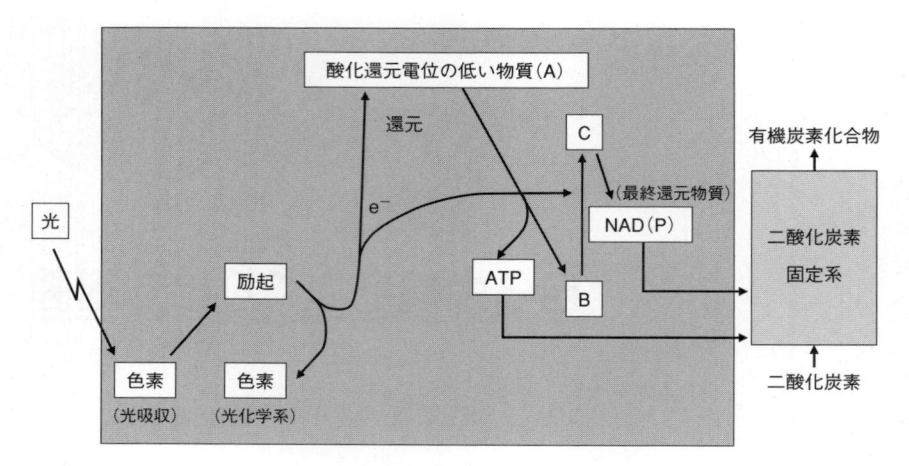

図 5.1　光合成成立のための諸条件

- 光を吸収する部分．
- 光によって励起状態になった色素から，酸化還元電位の低い物質（A）に電子が渡される部分．
- 酸化還元電位の高い物質（B）へと次々に電子が伝達され，そのとき出るエネルギーを利用して ATP が合成される部分．
- B の酸化還元電位が NAD(P) の酸化還元電位よりも高い場合，励起状態の色素の作用で，NAD(P) よりも酸化還元電位の低い物質（C）に電子が渡される部分．
- 酸化還元電位の低い物質（C）から最終電子受容体の NAD(P) に電子が渡される部分．
- 二酸化炭素を固定して有機炭素化合物が合成される部分．

してその間に ATP を合成すること（電子伝達系），NAD(P) が最終電子受容体になること，が欠くことができない第 1 の条件として必要である．第 1 の必要条件を作動させて得られた還元型 NAD(P) と ATP を使って動く二酸化炭素固定系が備わっていることが第 2 の条件として必要である．この過程を"光合成成立のための諸条件"として図 5.1 に示す．

　光合成細菌には紅色細菌，緑色細菌，シアノバクテリアがあり，それぞれ上記 2 条件を満たしているが，条件を構成する要素は少しずつ異なっている．しかし光合成の最も重要な部分ともいえる光化学系を成り立たせている色素に関しては，その基本構造は共通している．図 5.2 に示すように，クロロフィルは窒素を一つ含むピロールという 5 員環が四つ集まった環状の物質（テトラピロール）で，ピロール環にはさまれた中央に金属の Mg が入り込んでキレート構

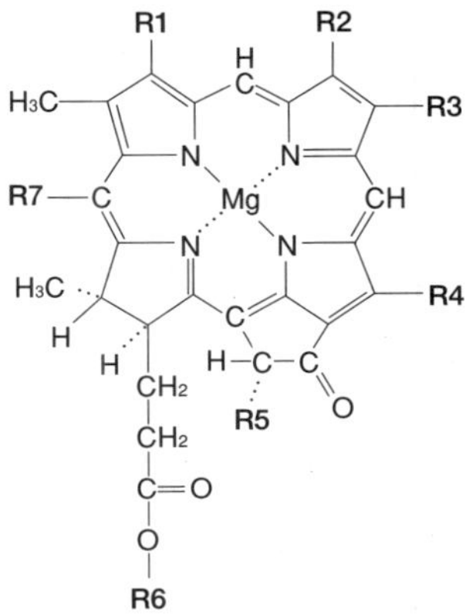

図 5.2 クロロフィルまたはバクテリオ
クロロフィルの構造
R1〜R7 は側鎖を示す．

造になっている．このような構造をした物質はクロロフィルまたはバクテリオクロロフィルとよばれ，図中 R1〜R7 で表された側鎖の部分に入る原子団の違いによってさらに細かく分けられ，光を吸収する役割を担ったり，酸化還元電位の低い物質に電子を与えることに従事したりしている．紅色細菌や緑色細菌では緑色植物と R1 の原子団が異なっており，特にバクテリオクロロフィルとよばれているが，はたらきに本質的な違いがあるわけではない．シアノバクテリアの場合は，緑色植物でみられるのとまったく同一のクロロフィル a を所有している．

光化学系の存在場所は，光合成細菌の種類によりそれぞれ異なる．シアノバクテリアは植物と同じチラコイドが分化しており，この膜内または膜に付着して，光吸収系，光化学系，電子伝達系が編成されている．紅色細菌では細胞膜の一部が陥没し，その部分に前記第 1 の条件を満たすすべての要素がたたみ込まれている．また緑色細菌の場合は，クロロソームとよばれている小顆粒が細胞膜と薄い別の層を介して結合しており，この三者（クロロソーム，細胞膜，両者をつなぐ薄い層）で第 1 の条件を推進している．

二酸化炭素の固定は，緑色植物でみられるカルビン-ベンソン回路（図 5.3）

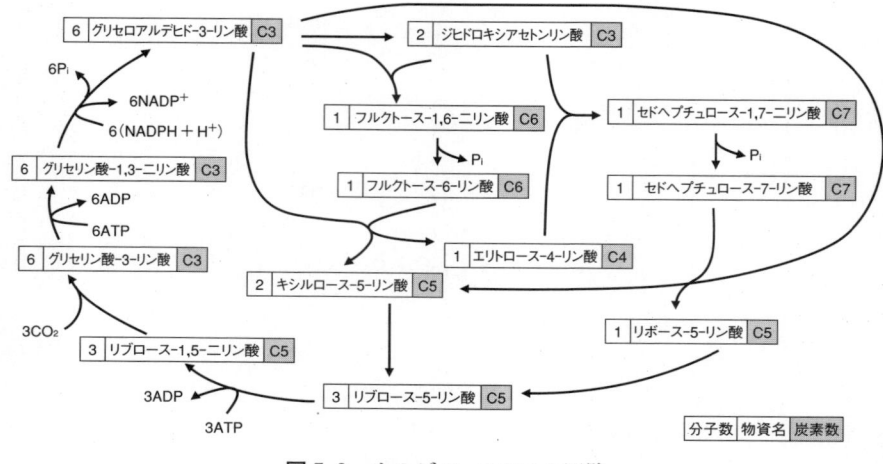

図 5.3　カルビン-ベンソン回路

として知られる反応系を利用しているのが，シアノバクテリアと紅色細菌であり，酸素呼吸でおなじみのクレブス回路（第 4 章，図 4.23）の逆回転の反応系を備えて，これを利用しているのが緑色細菌である．

このように各光合成細菌は光合成のために備えている要素や方法が少しずつ異なっているが，その他の面でも違いがあるので，紅色細菌，緑色細菌，シアノバクテリアと項目を分けて示す．

● 5.2.1　紅色細菌

紅色細菌は紅色硫黄細菌と紅色非硫黄細菌の総称であり，独立栄養的な光合成が可能であるという共通性をもつ．ただし，前者が嫌気的条件下で二酸化炭素の固定のみができるのに対し，後者は同じ条件で二酸化炭素も固定するが，同時に低分子の有機炭素化合物（酢酸や酪酸など）の固定も行うという特徴がある．

紅色硫黄細菌は偏性嫌気性であり，光を唯一のエネルギー源とし，H_2S を水素供与体として増殖するのであるが，紅色非硫黄細菌が，この条件で増殖するためには H_2S の濃度がきわめて低くなければならず，少しでも濃度が上がると増殖できなくなる．ただ H_2S よりもさらに還元された状態の無機硫黄化合

表5.1 紅色硫黄細菌と紅色非硫黄細菌の比較

項目	紅色硫黄細菌	紅色非硫黄細菌
所属細菌属名例	*Chromatium* *Thiospirillum* *Thiocapsa* など	*Rhodopseudomonas* *Rhodospirillum* *Rhodobacter* など
嫌気的条件下での光合成による固定物質	二酸化炭素	二酸化炭素,酢酸,酪酸
光合成における水素供与体	H_2, H_2S, チオ硫酸,亜硫酸	H_2, H_2S, チオ硫酸
酸素に対する感受性	偏性嫌気性	増殖する種が多い
光合成における酸素の発生	なし	なし
窒素代謝	窒素固定	窒素固定,脱窒
化学合成	なし	一部あり

物(たとえばチオ硫酸)ならば,水素供与体として利用することができる.いずれにしろ硫化物が水素供与体となっているわけであるから,当然両者とも酸素は発生しない.また紅色非硫黄細菌は,光合成のためには嫌気的である必要があるが,一方,暗所で好気的という条件でも増殖可能である.このように紅色硫黄細菌と紅色非硫黄細菌との間にかなりの違いが生じたのは,それぞれの生息環境に原因があるといえる.紅色硫黄細菌は硫黄泉など,無機硫黄化合物が豊富に含まれる所から主に発見されており,紅色非硫黄細菌が,無機硫黄化合物の蓄積が少ない湖や沼で多く見いだせるのとは好対照である.両者の道を分けたのはどうやら硫化物の有無,多少であったようである.両者は共通して窒素固定能をもつが,紅色非硫黄細菌は同時に脱窒も行うことができる.さらに紅色非硫黄細菌の中には化学合成によっても二酸化炭素の固定が可能な仲間もあり,代謝機構はかなり複雑である.特殊な自然環境の中で,さまざまな変化に対応するべく,次々と能力を獲得していったものと考えられる.両者の特徴を表5.1で比較した.

● 5.2.2 緑色細菌

緑色細菌の生息する環境は,紅色硫黄細菌の場合とよく似ているので,両者はしばしば同じ場所から分離される.すなわち硫黄泉のような硫化物の溢れている所である.H_2Sをはじめとする還元的硫化物を水素供与体とすること,絶

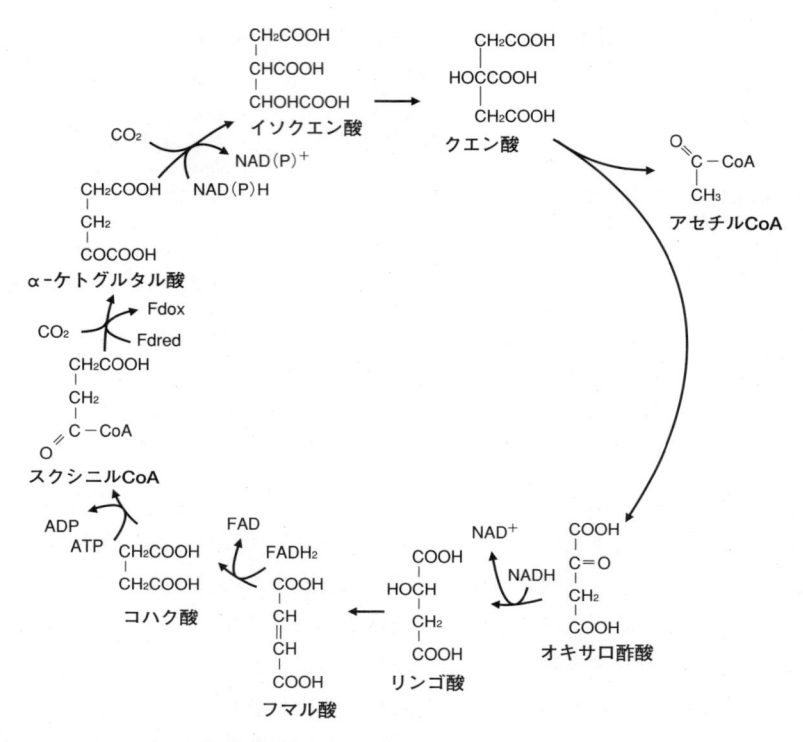

図 5.4 二酸化炭素の固定に利用される還元的カルボン酸回路

対嫌気性であること,バクテリオクロロフィルを所有すること,窒素固定能があることなど,紅色硫黄細菌と共通点が多い.したがって,通常,緑色硫黄細菌とよばれている.緑色硫黄細菌が他の光合成生物にみられない特徴を示すのは,二酸化炭素固定系である.ほとんどの光合成細菌の場合,二酸化炭素はカルビン-ベンソン回路で固定されているが,緑色硫黄細菌だけはクレブス回路の逆回転である還元的カルボン酸回路を利用して二酸化炭素を同化する(図5.4).逆回転の原動力になっているのは,還元型フェレドキシン(Fd_{red})である.この反応系の獲得がカルビン-ベンソン回路と比較して有利な面があるのかどうか,また進化上からみてカルビン-ベンソン回路とどちらの確立が早かったのかなど,還元的カルボン酸回路の存在は,細菌の進化の検討に一石を投じ

うる特徴である．

● 5.2.3 シアノバクテリア

　古い植物学教科書の分類の章をみると，ラン藻（blue-green algae）という名前で藻類の仲間として記載されている種類があることに気づく．かつては，熊本市の水前寺に多量に産したことで命名されたスイゼンジノリもこの仲間である（現在は絶滅に瀕しており，保護された状態ではあるが，熊本市江津湖にわずかに自生している）．しかしこの仲間は植物と異なり，はっきりとした核をもたないことがわかり，その他の特徴も原核生物を指向していることが確認されたため，その後は真正細菌の一つとして位置を占めることとなり，シアノバクテリアとか藍色細菌（blue-green bacteria）とよばれるようになった．相変わらず習慣的にラン藻類という呼称も健在であり，本書の中でも使っているが，以降はシアノバクテリアという名称で統一することにする．筆者もスイゼンジノリを食したことがあるが，真正細菌自身を食品としている稀な例といえるかもしれない．シアノバクテリアは，世界各地，どのような所でも，どのような時期でも見ることができ，最も一般的な真正細菌なのである．日頃よく目にするシアノバクテリアを図5.5に紹介する．

　シアノバクテリアは単細胞性のもの，細胞が連なった繊維状のものと多彩である．繊維状の種類の中にはヘテロシストという異形の細胞をもつものがあったりなかったり，単細胞性のものでもベオサイトとよばれる娘細胞をどんどんつくって，全体の大きさはそのままに細胞数が増す種類がある．これらの特徴から，かつては藻類に分類していたのであろう．このようにシアノバクテリアの仲間は多様である．主なシアノバクテリアを表5.2に示す．

　シアノバクテリアはいずれも緑色植物と同様に水を水素供与体とする，すなわち，分子状酸素を発生する光合成を行うという特徴をもつことで一致している．また一部を除いてシアノバクテリアは，他の光合成細菌の多くが，暗条件でも，炭素源・エネルギー源があれば増殖可能な代謝系を確立しているのに対し，増殖を完全に光に依存している点でも植物的である．

　他の独立栄養細菌同様に，シアノバクテリアにも窒素固定を行う仲間のいることが古くから知られている．この能力をもつシアノバクテリアは，表5.2に

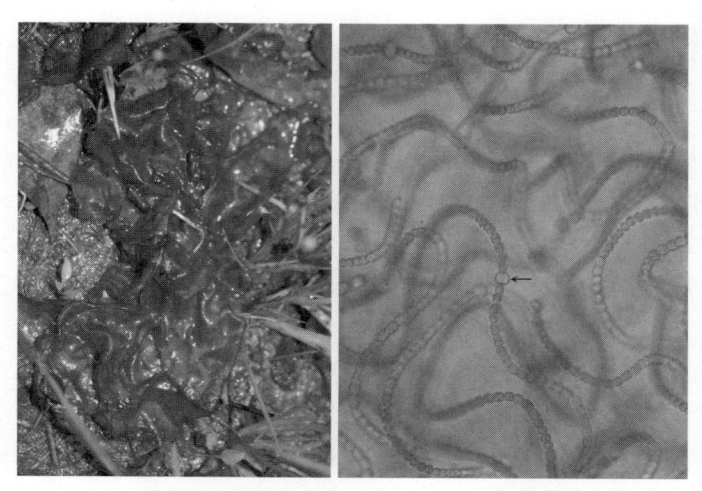

図 5.5 身近にみられるシアノバクテリア
左：草むらの中に広がるイシクラゲ (*Nostoc commune*)，右：イシクラゲの顕微鏡写真．矢印はヘテロシストを示す．

表 5.2 主なシアノバクテリア

	窒素固定能	該当する属
●単細胞性		
ベオサイトをつくらない	無	*Synechococcus, Gloeothece*
ベオサイトをつくる	無	*Xenococcus, Pleurocapsa*
●繊維状		
ヘテロシストをつくらない	無	*Oscillatoria, Spirulina*
ヘテロシストをつくる	有	*Anabaena, Nostoc*

示すようにヘテロシストのある細胞が連なった繊維状の種類がほとんどである．その理由は，ヘテロシストの部分だけで窒素固定を行うことができるためである．つまり，ヘテロシストは窒素固定を行うためにシアノバクテリアが編み出した苦肉の策であったといってよい．シアノバクテリアは光合成反応の結果，窒素固定を触媒するニトロゲナーゼを強く阻害する分子状酸素を産生する．このため，窒素固定を行おうとすれば分子状酸素を発生しない環境が必要となってくる．このようにして獲得したのが，ヘテロシストである．ヘテロシストに

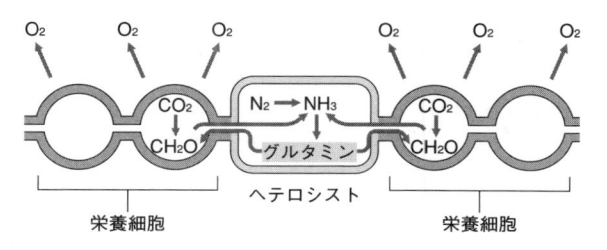

図 5.6 シアノバクテリアにおけるヘテロシストと栄養細胞の作用

もチラコイドはあるが，不完全な光合成能しかもたないために分子状酸素が発生せず，窒素固定の環境が得られる．ただし，窒素固定を行うヘテロシストは分子状窒素を還元するための供与体をもたないので，これを隣の細胞に依存しなければならず，そのための連絡通路が両細胞の間に形成されている．結果として，ヘテロシストを有するシアノバクテリアは，酸素放出性の光合成を行いながら，分子状窒素の固定も行うという稀にみる能力を確保したことになる．ヘテロシストと隣にある栄養細胞との間の関係を図5.6に示す．

5.3 化学合成細菌

　光合成細菌は，二酸化炭素固定系を駆動するのに必要とするATPと還元型NAD(P)を獲得するために光を吸収し，そのエネルギーを利用している．一方，化学合成細菌は地球環境下にある種々の物質（水素，アンモニア，亜硝酸，還元性硫黄化合物，鉄など）の一つを，自ら所有している酵素で酸化させ，その酸化の際にもたらされるエネルギーで，NAD(P)を還元するとともにATPを得，これらを用いてカルビン-ベンソン回路などの二酸化炭素固定系を動かして有機炭素化合物を合成している．したがって，化学合成細菌は上記物質が供給されている場所ならば，生存・増殖が可能であり，思いもかけない所での活躍が目につく．光のまったく届かない深海で熱水が噴出している所があるが，この部分は周囲から突出して煙突のようになっており，その側面に化学合成細菌の一つである硫黄酸化細菌がたくさん固着していることがよくある．熱水の

表 5.3 硫黄酸化細菌の特徴

細菌の属・種	形態（μm）	その他の特徴
●細胞内に一時的に硫黄蓄積		
Thiobacterum sp.	0.4〜1.5×2.5〜9	鞭毛なし，非運動性，桿菌
Macromonas		
mobilis	6〜14×10〜30	極鞭毛性，運動性あり，桿菌
bipunctata	2.2〜4×3.3〜6.5	極鞭毛性，運動性あり，桿菌
Thiospira bipunctata	1.7〜2.4×6.6〜14	極鞭毛性，運動性あり，らせん菌
●細胞外に硫黄放出		
Thiobacillus		
neapolitanus	0.3〜0.5×1.0〜1.5	極鞭毛性，運動性あり，桿菌
denitrificans	0.5×1.0〜3.0	極鞭毛性，運動性あり，桿菌
Thiomicrospira sp.	0.2〜0.3×1.0〜2.0	極鞭毛性，運動性あり，らせん菌

中には還元性硫黄化合物（たとえばH_2S）が豊富に含まれているから，この化合物をエネルギー源として増殖を果たしているわけである．さらに驚かされるのは，この細菌を食糧とするエビやカニなどの節足動物，貝などの軟体動物がおり，この環境の範囲で生活し，生態系を構築していることである．光合成生物ならぬ化学合成細菌の存在が，消費者を成り立たせている暗黒の世界の話である．

このように化学合成細菌は，無機物質の酸化反応によって発生するエネルギーを利用して，二酸化炭素を有機炭素化合物に変えて生活できる一群の細菌である．これらの細菌は，エネルギー確保のために利用できる無機物質に対して特異性がみられるので，利用している無機物質の種類で，硫黄酸化細菌，硝化細菌，鉄細菌，水素細菌などに分けられている．

● 5.3.1 硫黄酸化細菌

"Bergey's Manual of Systematic Bacteriology" を読むと，硫黄酸化細菌に関しては，非常に記述の少ない種類と詳細なデータが示されている種類のあることがわかる．記載の少ないほうは比較的大型の形態をもつ仲間で，多いほうは小型の細菌であるところが興味深い．表5.3は硫黄酸化細菌のいくつかについて形態学的特徴を示したものである．表中の上の3種類が前者にあたる．タネを明かすと，前者がいまだ純粋に分離・培養されていないから記述も少ない

のである．この仲間は，H_2S をエネルギー源としているため，これを与えなければならないが，好気性であるため酸素も必要とする．酸素が存在すると，H_2S が酸化されてしまい，結果としてエネルギー源が消滅することとなり，増殖させることができないということで，いろいろな調査がむずかしいわけである．この一群は，細胞内に一時硫黄を蓄積するという特徴ももつ．一方，表5.3の，下の2種類はチオ硫酸や硫黄をエネルギー源として利用できるので純粋培養が容易であり，さまざまな調査も行いやすい．還元型硫黄化合物を基質とした反応で，硫黄が形成されるといったん体外へ排出するのも前者とは異なる．

　硫黄酸化細菌が硫黄化合物を酸化した場合，最終生成物は硫酸になる．硫酸は強酸だから周囲は次第に pH が下がり著しく酸性になる．このような中にあっても，硫黄酸化細菌は平気で増殖を続ける．このような特性は，自らの特徴を活かすべく獲得したもので，適応を果たしたとみるべきであろう．pH が中性付近であると増殖が鈍ったり，まったく増殖しなくなったりする．

● 5.3.2　硝化細菌

　農作物に与える肥料のうち，窒素肥料は堆肥などの有機肥料を別にすれば，アンモニウム塩の形で施すことが多い．ところが農作物が根から吸収して最も利用しやすいのは，硝酸塩である．実際，植物にとって優れた環境ともいえる肥沃な土壌というのは，硝酸塩が多量に含まれる土地のことを指している．アンモニアは高濃度になるとむしろ害になる．にもかかわらずアンモニウム塩を使用するのは，土壌中で硝酸塩に変わるのを見込んでいるからである．この変化が細菌によるものであることは，早くから予想されていたが，やっと19世紀末ウィノグラドスキィ（S. Winogradsky）によって確かめられた．彼はアンモニアを亜硝酸に酸化する *Nitrosomonas* 属と亜硝酸を硝酸に変える *Nitrobacter* 属が関与して土壌の肥沃化が進むことを証明した．この2細菌は硝化細菌（nitrifying bacteria）に属するが，1989年現在，*Nitrobacteraceae*（ニトロバクテリア科）に9属が示されているうちの2属である．*Nitrosomonas* 属同様，アンモニアを亜硝酸に酸化する細菌（アンモニア酸化細菌）が合計5属，*Nitrobacter* 属のように亜硝酸を硝酸に酸化する細菌（亜硝酸酸化細菌）が合計4属となっている．

```
       モノオキシゲナーゼ        ヒドロキシルアミンオキシドレダクターゼ
NH₄⁺ + O₂ + XH₂        シトクロム$c^{2+}$          NO₂⁻ + 3H⁺

H₂O + NH₃OH⁺ + X       シトクロム$c^{3+}$
```

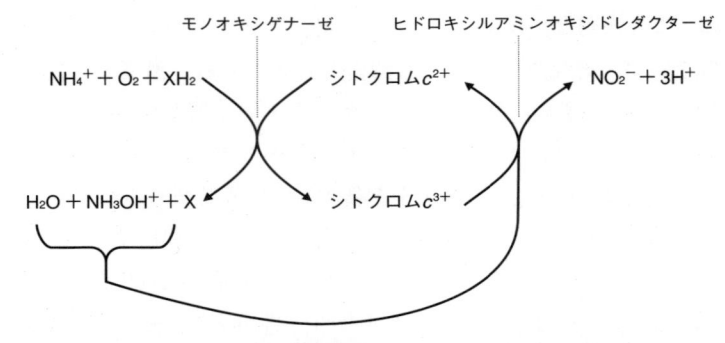

図5.7 アンモニア酸化細菌によるアンモニアの酸化反応

アンモニア酸化細菌がアンモニアを亜硝酸に酸化する仕組みは図5.7のようになっている．すなわち単純な1反応ではなく，シトクロムcを補酵素とするモノオキシゲナーゼの触媒により，いったんヒドロキシルアミンを生じ，次にヒドロキシルアミンオキシドレダクターゼがシトクロムcを結合して触媒作用を行い，ヒドロキシルアミンを亜硝酸に酸化するという過程を経る．この間に生じた電子が電子伝達系に送られATPが生成される．二酸化炭素の固定はカルビン-ベンソン回路が使われる．

アンモニア酸化細菌によって生成された亜硝酸は，同じ環境下に共存している亜硝酸酸化細菌のエネルギー確保のための基質となる．亜硝酸が硝酸に酸化される過程は，図5.8に示すように1反応で完成するが，そのとき飛び出した電子が電子伝達系に送り込まれ，これと酸化的リン酸化が共役し，ATPが生成される．NAD(P)の還元はATPの消費を伴うことが判明している．二酸化炭素の固定は逆回転のペントースリン酸回路が利用されている．亜硝酸酸化

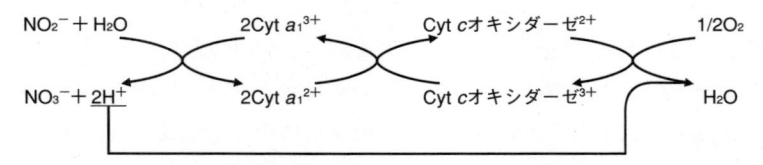

```
NO₂⁻ + H₂O        2Cyt $a_1^{3+}$       Cyt $c$オキシダーゼ²⁺      1/2O₂

NO₃⁻ + 2H⁺        2Cyt $a_1^{2+}$       Cyt $c$オキシダーゼ³⁺      H₂O
```

図5.8 亜硝酸酸化細菌による亜硝酸の酸化反応
Cytはシトクロムを示す．ATP合成はこの電子伝達系と共役して生じる．

細菌の中にはカルボキシソームとよばれる多面体の顆粒がみられることがあるが，この小器官の中に逆回転のペントースリン酸回路が入り，二酸化炭素の固定が行われているようである[1]．

● 5.3.3 鉄細菌

二価の鉄（第1鉄）が三価の鉄（第2鉄）に変わるときに出るエネルギーを増殖のために使用しうると考えられている細菌は，分類上多くのグループにまたがっている．しかし二価の鉄は，空気に触れると簡単に自然に三価になってしまうのでなかなか証明がむずかしいため，はっきりしない場合が多い．そのような中で，すでに硫黄酸化細菌の1グループとして紹介している *Thiobacillus* 属（表5.3参照）に属する *Thiobacillus ferrooxidans* については，この属中ただ1種，20 mMの硫酸第1鉄を唯一のエネルギー源とする pH 2.2〜2.5 に保たれた低濃度の寒天培地中でコロニーを生成することが示され，鉄細菌でもあることが証明された．この他，分岐した柄（stalk）をつくる *Gallionella* 属，*Planctomyces* 属，鞘をつくる繊維状のグラム陰性好気性細菌の *Sphaerotilius* 属，*Leptothrix* 属などさまざまなグループの細菌が菌体の周囲に三価の鉄を溜め込むことがわかっているが，独立栄養反応の産物である証明はなされていない．また磁鉄鉱の結晶を包むマグネトソーム（magnetosome）という小顆粒を菌体内にもって磁気走性を示すことから，磁気走性細菌（magnetotactic bacteria）とよばれているグループの中に鉄細菌に加えられている種類もある[2]．

● 5.3.4 水素細菌

水素細菌は，ヒドロゲナーゼという酵素の触媒で分子状水素を酸化することでエネルギーを得，独立栄養的に増殖を果たす細菌ということになるが，同時に有機化合物も利用して従属栄養的な面ももつ細菌（*Pseudomonas* 属，*Alcaligenes* 属などにみられる）も加えれば，さまざまなグループが該当するので10属を上回る．しかし，電子供与体として分子状水素，炭素源として二酸化炭素のみを利用して増殖する絶対独立栄養の水素細菌は，*Hydrogenobacter* 属に限定される．*H. thermophilus* TK-6は，分子状水素：

分子状酸素：二酸化炭素＝75：15：10の割合からなる気相で，無機物のみを含む液体培地で増殖させることができる．しかし，寒天で固めた培地上では気相を同じにしてもコロニーをつくらない．

5.4　窒素固定細菌

　第2章2節の中で窒素循環に言及しているが，この循環に携わる窒素は年間10^8トンを超えるともいわれ，膨大な量である．その一翼を担う窒素固定は，脱窒による地上からの窒素の消失を補っていることになるが，地球上に生息する全生物にとっては生命維持のために不可欠の現象であるといえる．すなわち，植物は生態系内で全生物の下支えとなっているわけであるが，その植物が利用しうる窒素源の確保は，この方法で生成される無機窒素化合物によってしか成しえないからである．脱窒反応のほうが大きいという事態が生じれば，全生物の生命が危うくなるといっても過言ではない．

　窒素固定は第2章2節でも述べたように，高温高圧下で分子状窒素に水素ガスを反応させてアンモニアを工業的に生産するという方法と，窒素固定生物がニトロゲナーゼという酵素を駆使して行う方法とで大半を占める．工業的生産は，年々増加の一途を辿っているが，まだまだ生物的窒素固定の割合が高く，窒素固定生物があらゆる生物の生殺与奪の権利を握っているともいえるのである．

　窒素固定生物は細菌に限られる．窒素固定細菌の種類についての詳細は後述するが，ここでは植物の根に根粒をつくって生活する共生窒素固定細菌（symbiotic nitrogen fixing-bacteria）の存在意義についてのみ触れておこう．窒素循環が滞りなく成立し，安定であることは，生物窒素固定なしには考えられないが，全固定量に占める割合は，共生窒素固定細菌が単生窒素固定細菌（free-living nitrogen fixing-bacteria）をはるかにしのぎ，影響力も大きいことを忘れてはならない．

　共生窒素固定細菌が根粒内だけでしか窒素固定を行うことができないのは，生育に必要な有機炭素化合物や酸素を，宿主である植物に依存しているからである．これらの必要物質は，植物が光のエネルギーを利用して生成したもので

あるから，生物窒素固定の大半も，間接的ではあるが，太陽光に依存していることになる．光合成細菌やシアノバクテリアの中にも窒素固定能を有するものが多いが，これらは太陽光を直接利用している．大地の肥沃化に太陽光が欠かせない理由の一つといえる．

窒素固定関連の研究が軌道に乗りはじめたのは，窒素固定能の測定方法として，ケールダール法や重窒素法に代わってアセチレン還元法が導入されてからである．この方法は，それまでと異なり，窒素固定を触媒するニトロゲナーゼの活性を，別の反応を利用して間接的に測定するというものであったが，感度が高く，再現性にも優れていたため，たちまち窒素固定能測定の主流となった．これを契機としていろいろなことがわかってきたが，あとは項目を分けて進めていくことにする．

● 5.4.1 ニトロゲナーゼの構造と機能

ニトロゲナーゼは，分子量 200 K～220 K で 2 個のモリブデン（Mo）と多くの鉄（Fe）を含む 4 量体のタンパク質（Mo-Fe タンパク質）と分子量 55 K～68 K で 4 個の鉄を含む 2 量体のタンパク質（Fe タンパク質）からなる複合タンパク質で，Mo-Fe タンパク質には FeMo-コファクター（FeMo-Co）とよばれる補助因子も結合している．

ニトロゲナーゼの機能について図 5.9 に示す．Fe タンパク質は，供与体から電子を受け取って還元状態にあるフェレドキシンまたはフラボドキシンから電子を受け取る．このとき ATP の消費も伴う．Fe タンパク質の受け取った電子は，Mo-Fe タンパク質に渡されるが，この反応には Fe タンパク質と Mo-

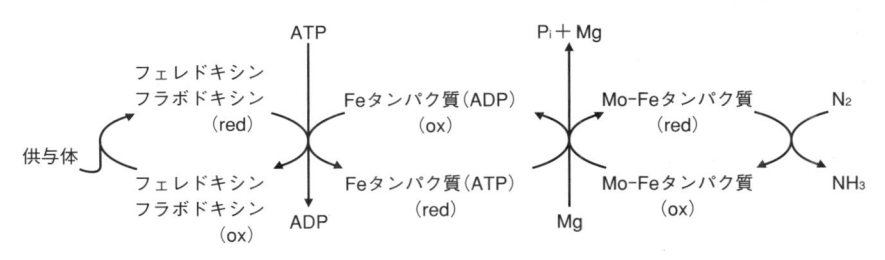

図 5.9 ニトロゲナーゼの機能

Feタンパク質の複合体形成が必要であり，その結合のための補助を行うMgとATPの関与が不可欠である．還元されたMo-Feタンパク質は分子状窒素を取り込み，これを還元してアンモニアに変える．分子状窒素は1反応でアンモニアになるわけではなく，何度も電子伝達が繰り返されて成立するのである．この全過程を反応式で表すと次のようになる．

$$N_2 + 8H^+ + 8e^- + 16ATP \longrightarrow 2NH_3 + H_2 + 16ADP + 16H_3PO_4$$

窒素固定が，いかに多くのエネルギーを消費する反応であるかよくわかる．

分子状窒素はN≡Nと表されるように三重結合である．ニトロゲナーゼはこのN≡Nが還元され，NH_3となる反応を触媒している．HC≡CH（アセチレン）も三重結合である．ニトロゲナーゼはアセチレンも還元して$H_2C=CH_2$（エチレン）にすることができる（図5.10）．前述のアセチレン還元法はこの反応を利用したもので，エチレン生成速度をニトロゲナーゼ活性としているのである．ニトロゲナーゼは三重結合をもったその他の物質，たとえばシアン化水素（HC≡N）や亜酸化窒素（$N≡N^+O^-$）も還元することができる．

● **5.4.2 ニトロゲナーゼ遺伝子**

ニトロゲナーゼ遺伝子（*nif*遺伝子）に関する研究は，*Klebsiella pneumoniae*という単生窒素固定細菌の*nif*遺伝子欠損株を利用した実験から

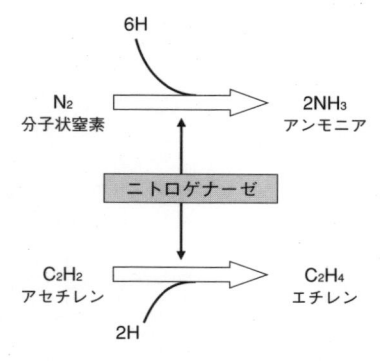

図5.10 ニトロゲナーゼの作用対象

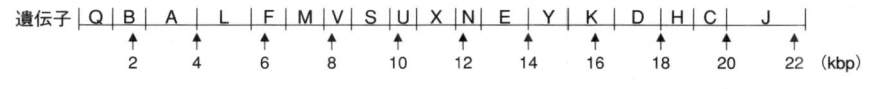

```
遺伝子 | Q | B | A | L | F | M | V | S | U | X | N | E | Y | K | D | H | C | J |
         ↑   ↑   ↑   ↑   ↑   ↑   ↑   ↑   ↑   ↑   ↑
         2   4   6   8   10  12  14  16  18  20  22 (kbp)
```

図 5.11 *Klebsiella pneumoniae* における *nif* 遺伝子地図

始まったという理由から，*K. pneumoniae* について最もよく調べられている．

もともと *K. pneumoniae* には窒素固定能に欠損をもたらす突然変異が高い頻度で生ずることが判明していたので，窒素固定に関与する遺伝子はかなりの数にのぼるに違いないと予想はされていたが，いくつかのオペロンに分かれた合計 18 個の *nif* 遺伝子が見つかっている．塩基対（bp）が 23 K になる *K. pneumoniae* の *nif* 遺伝子地図を図 5.11 に示す．これらの遺伝子群の中で中心をなすのは，*nif* H，D，K である．*nif* H は Fe タンパク質の構造遺伝子で，FeMo-Co 合成にも関与しているといわれている．*nif* D と K はともに Mo-Fe タンパク質の構造遺伝子である．*nif* J はピルビン酸からの電子をフラボドキシンに渡す反応を触媒する酸化還元酵素の構造遺伝子であり，*nif* F はフラボドキシンをコードしている．以上が構造遺伝子ということになるが，これらの構造遺伝子発現はアンモニアや酸素で抑制を受ける．この抑制や抑制解除にかかわっている遺伝子が *nif* A と L である．この調節には別の遺伝子（*ntr* A，B，C）も関係しているが，その調節機構については省略する．*nif* A は転写活性を盛んにするよう，また *nif* L は抑制するよう作用する．FeMo-Co 合成に関与した遺伝子が *nif* Q，B，N，E であり，*nif* H の発現には *nif* M が，FeMo-Co をアポタンパク質に結合させる反応には *nif* Y が必要とされる．*nif* U はニトロゲナーゼ成熟に関与するとされているだけで詳細は不明である．この他，*nif* W，T，Z も報告されているが，はたらきはわかっていない[3,4]．

5.4.3 窒素固定細菌の種類と特徴

表 5.4 に示すように，窒素固定細菌は共生型と単生型に大別される．共生窒素固定細菌は，単独では窒素固定能がなく，宿主である植物の根に感染して根粒を形成して初めて可能となるという点で特徴的である．マメ科植物と *Rhizobium* 属の共生が最もよく知られ，研究されている．*Rhizobium* 属には宿主特異性があるが，厳密なものから柔軟性のあるものまでさまざまである．

表5.4 窒素固定細菌の種類と特徴

	所属・特徴	細菌の属
共生窒素固定細菌	豆科植物と共生	*Rhizobium*
	ハンノキ，ヤマモモなどと共生	*Frankia*
	地衣植物と共生	*Nostoc*
	シダ植物と共生	*Anabaena*
単生窒素固定細菌	好気性	*Azotobacter*, *Azospirillum*
	通性嫌気性	*Klebsiella*, *Paenibacillus*
	嫌気性	*Clostridium*, *Desulfovibrio*
	光合成能	*Chromatium*, *Rhodospirillum*
		Anabaena, *Nostoc*

Rhizobium 属が植物の根に感染すると，増殖を始めやがてバクテロイド（bacteroid）とよばれる状態になり，このバクテロイドが集まって根粒が形成される．根粒内で窒素固定が開始されるまでには，宿主との間の物質のやり取りなどさまざまな手続きを必要とするが，いまだ不明な点が数多く残されており，食糧問題に直結するだけに早急に解明してほしい課題である．土壌肥沃化を目的として，レンゲの栽培などをよく見かけるが，公園造成時に見られるハンノキの植えつけも同じ目的である．ハンノキの根を掘り出してみると，比較的大きめの根粒が目につく（図 5.12b）．この中には放線菌の *Frankia* 属が共生して窒素固定を行っている．単生窒素固定細菌に目を転ずると，表 5.4 に示されているように，好気性細菌，嫌気性細菌，光合成細菌と幅広いことがうかがえる．このうち光合成細菌の *Nostoc* 属はヘテロシストを備えたシアノバクテリアで，単独で窒素固定を行うことができるが，地衣植物と共生している例もある．地衣植物は藻類と糸状菌類とからなる複合植物であるが，藻類の一つとしてシアノバクテリアを選択しているとみることができる．同じくシアノバクテリアである *Anabaena* 属は，シダ植物のアカウキクサ（*Azolla*）と共生して窒素固定を行っている．これらの単生窒素固定細菌が共生する場合は別に根粒が形成されるわけではなく，対象植物の細胞内または細胞外で共生関係をもつが，共生に至る経過や対象植物とのやり取りなどについては，ほとんどわかっていない．

窒素固定細菌の中には好気性細菌のように酸素を必要としたり，シアノバク

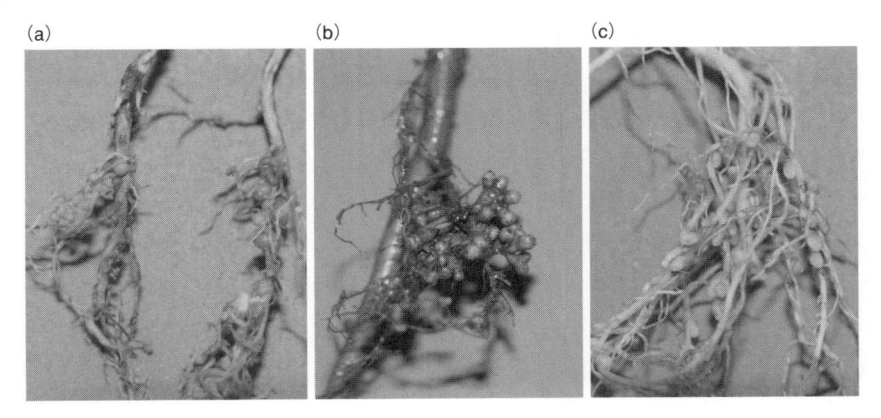

図 5.12　いろいろな根粒
(a) ウマゴヤシの根粒，(b) ハンノキの根粒，(c) シロツメクサの根粒．

テリアのように酸素を発生したりする種類もある．窒素固定反応が分子状窒素の還元であるから，当然酸素によって妨げられる．これらの細菌が，かかえた内部矛盾にどのように対処しているのであろうか．それぞれ巧みに解決しているので，その獲得した方法について次の項で取り上げることにする．

● **5.4.4　酸素に対する各窒素固定細菌の対策**

好気性細菌の *Azotobacter* 属は好気的に窒素固定を行う．ところが，*Azotobacter* 属から取り出されたニトロゲナーゼは，酸素により失活しやすいことがわかっている．これらのことは，細菌内の窒素固定部位が酸素から防御されていることを示唆している．ではどのようにして防御しているのであろうか．それは次の現象が解答を与えてくれる．*Azotobacter* 属では酸素呼吸が盛んなほうが窒素固定能も高いのである．酸素呼吸が盛んに行われれば窒素固定部位周辺の酸素もいち早く消費され，ニトロゲナーゼの損傷が防がれ，窒素の固定に何の障壁もないという状態になるというわけである．

シアノバクテリアは酸素放出型の光合成を行うから，光合成が進行中は窒素固定が行えないように思える．しかし，シアノバクテリアはこれから逃れるべく，酸素放出部分である光化学系IIの欠落したヘテロシストという細胞を生み

出し,ここでのみ窒素固定を行うことで対処している (5.2.3「シアノバクテリア」参照).

　共生窒素固定菌も呼吸のために酸素を宿主から受け取っており,酸素に対する防御が必要となってくる.豆科植物と共生している *Rhizobium* 属はレグヘモグロビンという,高等動物のヘモグロビンに類似の物質をもっており,ヘモグロビンと同様,酸素分圧が高ければ酸素を結合し,低ければ離すという性質がある.レグヘモグロビンに結合した酸素は,分子状ではないためニトロゲナーゼを損傷させることはない.したがって,酸素分圧が高くなれば酸素を結合するということは,酸素に弱いニトロゲナーゼにとってはなはだ都合がよい.一方でレグヘモグロビンは,要求している呼吸系へ酸素を渡すという仕事もこなすことができている.このように,レグヘモグロビンは酸素を結合したり離したり可逆的に反応を繰り返すことで,分子状酸素が窒素固定系で許容範囲の濃度に収まるように調節するとともに,酸素の運搬も行うという大活躍を演じているわけである.

文　献

1) Watson, S. W., Bock, E. *et al.* : *in* Bergey's Manual of Systematic Bacteriology, vol. 3 (eds. Staley, J. T. *et al.*), pp.1810-1813, Williams & Wilkins (1989)
2) Blakemore, R. P., Blakemore, N. A. *et al.* : *in* Bergey's Manual of Systematic Bacteriology, vol. 3 (eds. Staley, J. T. *et al.*), pp.1882-1887, Williams & Wilkins (1989)
3) Ludden, P. W. : *in* New Horizons in Nitrogen Fixation (eds. Palacios, R., Mora, J. *et al.*), pp.101-104, Kluwer Academic Pub. (1993)
4) Haselkorn, R. : *Annu. Rev. Microbiol.*, **40**, 525-547 (1986)

第6章

極限環境微生物と環境適応

6.1 極限環境とは

　極限環境とは，一体どのようなものを指すのだろうか？　その答えを導き出すために，逆に生物が生存しやすいような自然環境を考えてみるとわかりやすいかもしれない．具体的には，pH，温度，塩分，圧力などの化学的・物理的な変数が極端ではない温和な条件が，生物一般にとって比較的好ましい環境といえよう．たとえば，pH なら中性付近，温度なら 20〜37℃ くらいが最も一般的な値を指すと考えられる．したがって，その通常のものよりも大幅に異なっている環境を，極限環境とみなすことができる．

● 6.1.1 極限環境の細菌群

　図 6.1 に示すように，極限環境は地球全般にわたって存在し，そこを住み家としてさまざまな細菌が生息している．これらは，一般的には過酷な環境条件に違いないが，見方を変えれば，すなわち極限環境で生育している生物の立場に立って考えると，極限環境が実は最適な環境ということになる．たとえば，高度好塩性細菌にとって，飽和に近い塩分濃度こそが最適環境であり，塩を含まないかきわめて低濃度の環境は逆に極限環境である．したがって，絶対的な意味において極限環境を定義することはなかなかむずかしいが，概念的な理解の助けとして一般的に受け入れられている極限環境とその条件ならびにそこに

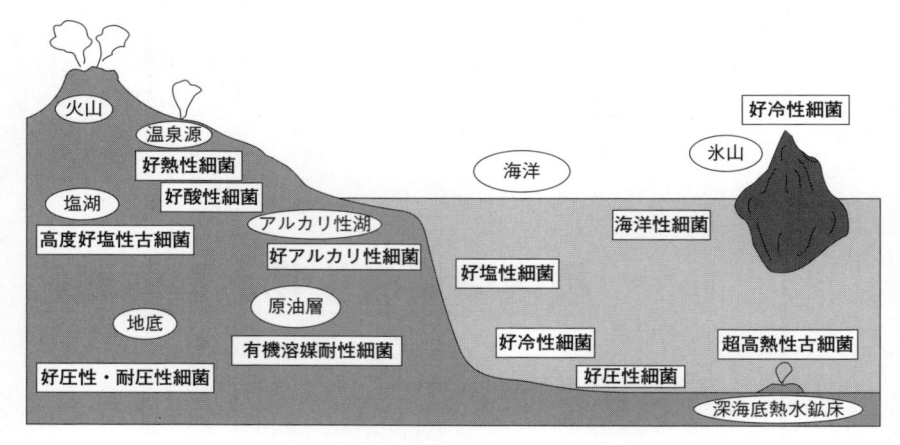

図 6.1　極限環境で生息する細菌群

表 6.1　極限環境とそこに生息する細菌の種類

環境条件	条件の内容	微生物の種類
温度	60℃以上, 15℃以下	好熱性細菌, 好冷性細菌
pH	pH 9 以上, pH 3 以下	好アルカリ性細菌, 好酸性細菌
塩濃度	15%（NaCl）以上	好塩性細菌
圧力	400 気圧（40 MPa）以上	好圧性細菌
乾燥	湿度 0%	好乾燥性細菌
有機溶媒	10%以上	溶媒耐性細菌
その他	放射線, 真空など	

生息する細菌の種類を表 6.1 に示す.

　さまざまな環境下で生息している菌に対して，ある環境を好んで生育する菌の場合に，"好"という字を用いる．たとえば，表 6.1 に示されているように，温度，pH，塩濃度などの極限的な環境因子を好ましい環境とする菌をそれぞれ好熱(冷)性細菌，好酸(アルカリ)性細菌，好塩性細菌とよぶ．他方，通常の条件下でよく生育できるが，極限環境下においても生育できる菌の場合には，"耐"という字が用いられる．耐圧性細菌，耐塩性細菌，有機溶媒耐性細菌などがその例である．耐性細菌の具体例として，異なる塩分濃度下で増殖させた耐塩性細菌の場合を，図 6.2 に示す[1]．比較のために，好塩性細菌の生育にお

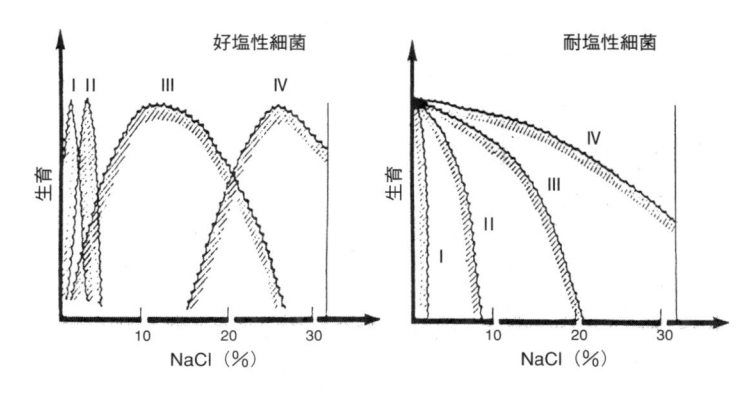

図 6.2 塩濃度への対応パターンによる好塩性細菌・耐塩性細菌のグループ分け[1]
Ⅰ：非，Ⅱ：低度，Ⅲ：中度，Ⅳ：高度．

ける至適 NaCl 濃度についてもあわせて記載している．好塩性細菌でも耐塩性細菌の場合でも，培養液中の NaCl 濃度に依存した増殖速度から，非，低度，中度，高度にそれぞれ分類される．両者の違いが厳密に区別されるのは，培養液中の塩濃度がゼロの場合における増殖の可否である．耐塩性細菌は，塩濃度が厳密にゼロの場合でも増殖可能であるが，好塩性細菌の場合は低度好塩性細菌であっても塩が存在しない条件下では増殖できない．塩濃度以外の条件，たとえば pH や圧力などに対しても，"好" と "耐" の使い分けが同様に行われている．

● 6.1.2　古細菌と真正細菌

極限環境微生物とよばれる細菌類は，分子進化系統樹の中の真正細菌 (eubacteria) 群と古細菌 (archaea) 群にまたがって位置づけられている．では，古細菌と真正細菌との間にどのような違いがあるのかをみてみよう．ここでまず指摘しなければならないことは，第 3 章 2 節にも詳しく述べられているように，古細菌が原核生物 (prokaryotes) に属しているにもかかわらず真核生物 (eukaryotes) に特有の生化学・分子生物学的性質を有していることである．表 6.2 に示すように，古細菌は遺伝子 DNA 上にイントロン (intron) が

表 6.2 古細菌，真正細菌，真核生物の違い

	古細菌	真正細菌	真核生物
遺伝子：イントロンの存在	○	×	○
タンパク質合成系：ジフテリア毒素感受性	○	×	○
細胞壁：ムレインの存在	×	○	×
細胞膜脂質の組成	エーテル型	エステル型	エステル型

表 6.3 極限微生物に属する古細菌と真正細菌のいろいろ

	古細菌	真正細菌
好熱性細菌	*Pyrolobus fumarii*	*Thermus thermophilus*
好冷性細菌	—	*Colwellia maris*
好酸性細菌	*Sulfolobus metallicus*	*Acidiphilium cryptum*
好アルカリ性細菌	*Natronococcus occultus*	*Bacillus pseudofirmus*
好塩性細菌	*Halobacterium salinarum*	*Salinivibrio costicola*
好圧性細菌	—	*Shewanella benthica*
メタン生成細菌	*Methanobacterium formicicum*	—

存在することや，タンパク質合成系におけるジフテリア毒素に感受性であることなど，真正細菌よりもむしろ真核生物とよく似た傾向にある．一方，細胞膜の脂質組成は，真正細菌と真核生物が同じエステル脂質（脂肪酸がエステル結合したもの）であるのに対して，古細菌ではグリセロールにアルコールがエーテル結合したエーテル脂質である．そのアルコール構造も直鎖ではなく，イソプレノイドを骨格とするものである．さらに，細胞壁成分のムレイン存在の有無には古細菌と真正細菌で違いもある．これらのことから，進化系統樹をどのように確立していくのかを含めて，共通の祖先は何かを探る研究が，現在も活発に行われている．

極限環境微生物として分類される代表的な古細菌と真正細菌の菌株名を表 6.3 に示す．続いて，個々の極限微生物の特徴についてみていくことにしよう．

6.2 極限環境に生息する細菌

● 6.2.1 好酸性・好アルカリ性細菌

　自然界には，硫黄泉や酸性鉱床などの極端な酸性環境が存在する．また，他の動植物に微生物が作用して酸性物質を放出し，酸性環境がつくられている場合もある．このような酸性環境下で生息している細菌類を好酸性細菌（acidophiles）とよんでいる．これらの細菌は，表6.1に示されているように，pH値が3以下で良好な増殖を示す場合が多い．好酸性細菌は，*Sulfolobus* 属細菌に代表されるように，栄養摂取が従属的なものと独立的なものが混在しているが，*Metallosphaera hakonensis* などのように両方の栄養環境下で増殖可能という変わり種もいる．

　好酸性細菌は，増殖に際して3以下のpH値を好むが，細胞内も同じように酸性なら細胞内の基本物質，たとえばDNAなどは破壊されてしまう．したがって，生存のためには細胞内pHを中性近くに保っておく必要があり，細胞内に蓄積されたH^+の排出機構の存在が不可欠である．好酸性細菌は，この機能を進化の段階で獲得したことによって，たとえば細胞外pHが2の場合，細胞内pHを中性近くの通常6.0～6.5程度に維持することができる．

　好アルカリ性細菌（alkaliphiles）は，世界各国の土壌や湖などから数多く単離が試みられてきた．このように極端な高アルカリ性の環境のみならず，実は，通常の土壌などからも数多くの好アルカリ性細菌が見いだされている．そして，その多くが，*Bacillus* 属に属す細菌である．ここで見落としてはならない重要なこととして，ほとんどの好アルカリ性細菌が，生育条件としてアルカリ性pH環境に加えてNa^+の存在を要求する好塩性好アルカリ性細菌であるということである．それは，後述するように好アルカリ性細菌の場合，Na^+を共役イオンとして用いるNa^+/H^+逆輸送系による細胞内pHの調節が決定的に重要だからである．それだけではなく，酸性高分子やS-レイヤータンパク質などが細胞壁に存在することにより，細胞外のアルカリ性pHの場合に多量に存在する水酸化イオン物質の流入を防ぎ，細胞内の中性化維持の一翼を担っている

ことも無視できない（第3章4節参照）．第6章3節でも述べているように，好塩性好アルカリ性細菌として，古細菌では *Natronobacterium* 属や *Natronococcus* 属細菌など，真正細菌では *Bacillus halodurans* などが知られている．

前述したように，好酸性細菌および好アルカリ性細菌においては，細胞外のpH環境がそれぞれ酸性やアルカリ性になっているが，細胞内は比較的中性付近に保たれている．極限的な酸性度の環境下においても生き残れるように，好酸・好アルカリ性細菌自らが行っている基本戦略である．一般的な例として示されている大腸菌の場合（図4.11）からも，細胞外pHへの対応様式が推測できるであろう．

● 6.2.2 好熱性・好冷性細菌

好熱性細菌（thermophiles）に属すか否かをどの温度で線引きするかは明確ではないが，表6.1に目安となるおよその温度が示されている．より詳細には，至適増殖温度が80℃以上を超好熱性細菌（hyperthermophiles），65〜80℃を高度好熱性細菌（extreme thermophiles），45〜65℃を中度好熱性細菌（moderate thermophiles）と分類している場合が多い．一般に生存が困難と思われる超高温環境下でも，細菌類の生息が認められている．初めて好熱性細菌が同定されたのは，好熱性好酸性細菌の *Sulfolobus acidocaldarius* である．この菌は，1960年代後半アメリカのイエローストーン国立公園内の酸性温泉地から単離された．それ以降，50種以上の超好熱性細菌が世界各地で見いだされている．これまでに報告されている超好熱性細菌の最高増殖温度は，硝酸塩還元細菌 *Pyrolobus fumarii* の113℃であった（この細菌は90℃以下では生育できず，最適増殖温度は105℃である）が，最近 *Methanopyrus kandleri* strain 116（ユーリ古細菌）が122℃でも増殖した（最適温度は105℃）との報告がなされた．

好熱性細菌は，細胞内の酵素が高温下でも比較的安定であることから，バイオテクノロジーに応用しうる素材として工業的にも注目されている．具体的な例を紹介すると，遺伝子工学の研究分野で日常的に使われているPCR法において，好熱性細菌由来のDNAポリメラーゼを使用すると熱安定性が飛躍的に上昇し，DNAを効率的に増幅させることが可能になった．これらの詳細は，第7章2節2項(3)「その他の酵素類」を参照いただきたい．また，高温で活性の高い好熱

性細菌の酵素を検査用試薬として用いた場合，短時間で良好な反応結果が得られることから，近年臨床化学検査などにおいても繁用されている．好熱性細菌の酵素は，耐熱性を有していることにとどまらず，化学的変性剤に対しても高い抵抗性を示すことが知られているので，今後のさらなる展開が期待される．

　大腸菌や枯草菌などの常温菌（mesophiles）の至適増殖温度は，通常10～45℃であるが，0～15℃にそれがある細菌群を好冷性細菌（psychrophiles）とよんでいる．厳密な好冷性細菌の定義によれば，生育の上限温度が20℃以下のものとされている．好冷性細菌と低温性細菌（psychrotrophs）の違いは，生育上限温度が20℃より高いか否かによっている．一般に好冷性細菌の分離源は，極地，深海，氷河などであるが，年間を通じて低温が保たれる環境においてのみ生存が可能なので，実際の分離はそう簡単ではない．好冷性細菌の性状は，好熱性細菌のそれと対極にあるので，応用としてはたとえば遺伝子組換え系での低温におけるタンパク質の発現や，酵素で処理後失活させる必要があるものなどが対象にあげられる．

● **6.2.3　好塩性細菌**

　好塩性細菌（halophiles）は，生育に対する塩濃度要求性から，低度，中度，高度好塩性細菌に分類される（図6.2）．低度好塩性細菌（slight halophiles）は，海洋に生息している海洋性細菌などが中心であり，真正細菌に属している．ここで，塩とは基本的にNaClを指しているが，好塩性細菌の中には厳密にNaClでのみ増殖可能なものとKClでも増殖できるものとが混在している．さらに，電解質であるNaClやKClなどの塩による浸透圧を非電解質のスクロースのような糖によって代替しても増殖できる菌種もある．中度好塩性細菌（moderate halophiles）としては，塩漬け肉をはじめさまざまな含塩試料から分離されている *Salinivibrio costicola* が最もよく知られている菌株である．一方，高度好塩性細菌（extreme halophiles）は塩濃度が通常2.5 M以上で良好な増殖を示すものであり，古細菌に属している．極端な例として，飽和食塩濃度下においても増殖が認められる菌種なども見いだされている．塩田や塩湖，死海などでは白い塩の結晶表面に赤くなった斑点のようなものが時たま認められるが，これが赤色色素を有する高度好塩性細菌である．高度好塩性細菌の増

殖は，通常 NaCl によってのみ可能であり KCl に代替することはできない．また，スクロースなどの糖では溶解度に限界があるため，このような超高浸透圧環境をつくることができない．また，好アルカリ性細菌のところでも触れたように，高度好塩性細菌の多くは細胞外 pH 値がアルカリ性を好む傾向にある．なお，メタン生成細菌の中にも低度や中度の好塩性細菌が含まれている（たとえば *Methanohalophilus* 属など）が，好塩性細菌の分類には通常入れないことが多い．

● 6.2.4 好圧性細菌・溶媒耐性細菌

表 6.1 に示したように，好圧性細菌，溶媒耐性細菌などの極限環境細菌が見いだされている．好圧性細菌（piezophiles）に関する研究は，最近海底探索などの技法が進歩して新しく興味深い分野として脚光をあびつつある．これも定義がむずかしいが，基本的には高圧下（40 MPa がその目安）で増殖が可能な菌株とされている．近年では，好圧性細菌の分類において，圧力条件とともに生育温度条件を加え，好圧性細菌（すべての培養温度で大気圧下より加圧下で増殖速度が速く，至適圧力が 40 MPa 以上の細菌），耐圧性細菌（至適圧力が 40 MPa 以下の細菌），絶対好圧性細菌（どんな温度条件でも大気圧下では増殖できない細菌）の 3 種類に分類する試みもある．

有機溶媒は，一般に生物に対して毒性を示すことが多いので，それらを含む環境も生物の側からは極限環境ということになる．溶媒が毒性であることから，細菌が溶媒耐性を示すには，細胞内に入り込んだ溶媒を排出するポンプ機能を有していることが絶対条件である．この排出ポンプは，通常プロトン駆動力（proton motive force）をエネルギー源として用いることがわかっている．*Pseudomonas putida* では，その遺伝子が染色体 DNA からクローニングされている．

原油を輸送するタンカーの衝突事故などにより海上に油が流出し，油まみれになって飛べなくなった鳥の姿などの報道をテレビや新聞などで見たことがあるだろう．このような突発的な事故だけでなく，石油プラントなどで始終油に汚染されている機械やその周りの土壌など，慢性的な油汚染もある．主として炭化水素化合物からなる油は，安定であるがゆえに分解されにくいこともあっ

て残存性が高く，環境にかかわる今日的な社会問題の一つとなっている．このような油汚染などに細菌の分解力を利用した環境修復が試みられているが，これをバイオレメディエーション（bioremediation）とよんでいる．これは，前述の耐性の問題とは異なり，細菌が積極的に油を炭素源として利用し，代謝分解することを意味している．細胞内に取り込まれた油，すなわち炭化水素化合物は，それが脂肪族か芳香族かによって異なるが，いずれにしても細胞内の諸酵素によって数段階の過程を経て分解される．ほとんどの細菌は，上記した酵素類を有していないか，活性が極端に低いなどの理由により，油は細菌にとって毒性物質かまたは代謝できない物質と化している場合が多い．しかし，近年分解に関与する酵素群を有する細菌も見つかりつつあり，同時に遺伝子操作によって分解能を有する組換え体の作製も行われている段階であり，今後の展開が待たれる．

6.3 細菌の極限環境への適応の仕組み

通常の環境下で生息している細菌の外部環境が急激に変化した場合，細菌細胞はそれに対してどのように適応するのだろうか．細胞は生き残りのために，外部環境変化に対応した瞬時の対応を余儀なくされるはずである．この素早い応答を経て，外部環境に適したより安定な状態をつくり出すために，細胞活動が継続される．この過程を次にみていこう．

● 6.3.1　細胞内 pH 調節：主として好アルカリ性細菌における対応

好アルカリ性細菌におけるエネルギー共役と細胞内外の Na^+ の循環についての相関を図6.3に示す．前述したように，細胞外がアルカリ性の環境下では，細胞内 pH をいかに中性近くに保つかが重要なポイントになる．図に示されているように，H^+ の細胞内への取り込みは，基本的にプロトン駆動力に依存した Na^+/H^+ 逆輸送系によって行われている．細胞外に Na^+ が存在しない場合や Na^+/H^+ 逆輸送系を欠損した好アルカリ性細菌では，どちらもアルカリ pH 域で増殖できない．このことから，好アルカリ性細菌の増殖には，細胞内 pH を中性に維持するための Na^+/H^+ 逆輸送系が決定的な役割を果たしているこ

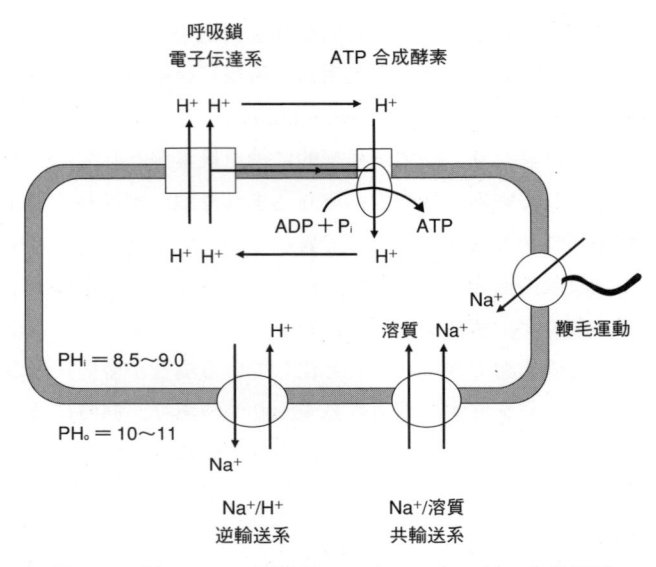

図 6.3　好アルカリ性細菌におけるエネルギー共役機構

とがわかる．また，好アルカリ性細菌は，この機構によって単に H^+ を細胞内へ取り込むだけではなく，細胞機能を維持するために細胞活性に負の作用を示す Na^+ を細胞外へ排出していることも重要である．ただし，Na^+ を K^+，Li^+，NH_4^+ などに変えると上記の効果は認められないので，Na^+/H^+ 逆輸送系は Na^+ 特異的である．

　好アルカリ性細菌では，細胞内外の H^+ の濃度勾配が Na^+ の電気化学ポテンシャルに変換され，それによって溶質と Na^+ の共輸送（シンポート）が行われている．ここで，好アルカリ性細菌の溶質取り込みのエネルギーについて簡単に触れる．表6.4に示すように，好アルカリ性細菌における細胞の膜電位（$\Delta\Psi$）は，$-170 \sim -150$ mV に維持されている．しかし，細胞質内は外部培養液に比べて1.5〜2 pH 単位程度酸性側にシフトしているので，$-Z\Delta pH$ 値は，90〜120 mV となり，最終的なプロトン駆動力（Δp）は，$-80 \sim -30$ mV と求められる．以上のことからわかるように，好アルカリ性細菌にとってプロトン駆動力の主体をなすものは膜電位であり，H^+ の濃度勾配が中心の好酸性細

表6.4 好酸性細菌,中性細菌,好アルカリ性細菌における各プロトン駆動力（Δp）の概算

	最適pH	細胞内pH	$\Delta \Psi$ (mV)	$-Z\Delta$pH (mV)	Δp (mV)
好酸性細菌	2〜3	6.0〜6.5	0〜+30	−260〜−180	−230〜−200
中性細菌	6.5〜8.5	7.6〜7.8	−150〜−100	−70〜+30	−180〜−130
好アルカリ性細菌	10〜11	8.5〜9.0	−170〜−150	+90〜+120	−80〜−30

菌の場合とはまったく逆である．これに関係して，溶質の細胞内への取り込みについて考えてみよう．一般細菌の場合，溶質輸送は主としてH^+との共輸送によるが，好アルカリ性細菌の場合にはpH差が逆転しているので，これを利用することは非能率的である．したがって，好アルカリ性細菌の溶質取り込みは，Na^+/H^+逆輸送系によって形成されたNa^+の濃度勾配を利用した溶質輸送系によっている．

好酸性細菌の細胞内pH調節については，好アルカリ性細菌の場合ほど詳しくはわかっていない．ただし，細胞内を中性に保つためにH^+を細胞内から排出する必要があるが，それはK^+/H^+逆輸送系を中心に行われているようである．

● **6.3.2 タンパク質,膜脂質組成の変化**

好熱性細菌の細胞膜における特徴は，常温菌のそれと比べて融点の高い脂肪酸を膜成分として有していることである．そのため，膜の転移温度が高く高温下でも柔軟性が保持されている．また，ある種の好熱性細菌では，培養温度に合わせて膜脂質の脂肪酸組成を変化させ，膜の流動性を維持しているものもいる．

タンパク質の安定性を保持するためには，高次構造の維持が不可欠である．好熱性細菌の酵素が高温に曝されたときに常温菌のそれよりも安定であるのは，この対応における違いによるものと考えられる．タンパク質の変性速度を好熱性細菌と常温菌の両者で比べてみると，好熱性細菌のほうが遅い．このことから，好熱性細菌のタンパク質が常温菌のそれと比べて高い熱安定性を示す理由が，遅い変性速度に起因していることが理解される．また，好熱性細菌の酵素

は，一般的に疎水性相互作用によって安定化が図られていることも知られている．

　生物はさまざまな温度に適応して生育しているが，微生物は体温維持機構をもたないために，種によって決まった生育温度範囲をもっている．常温菌や好熱性細菌は低温ではほとんど生育できないが，低温性細菌では細胞内の諸機構が低温に適応したものになっている．低温において生育が遅くなる最大の理由は，酵素反応速度がアレニウスの法則*に従って急速に低下することによる．低温性細菌の酵素は，低温で機能が必要な種類の酵素を有していることに加えて，酵素反応速度が低温で低下しないような機構も獲得している．

　常温菌が低温で生育できないもう一つの理由は，細胞膜の流動性が低温において低下するためである．大腸菌などの一般細菌におけるこれまでの報告によれば，温度変化に対応して膜組成は変化している．それは，膜タンパク質の機能発現にとって，膜脂質の流動性が大変重要だからである．一般的に，高温では飽和脂肪酸，低温では不飽和脂肪酸の割合がそれぞれ増加し，膜流動性の恒常性（液晶状態）が維持されている．低温においては，通常膜脂質が液晶状態からゲル状態へ相転移を起こし，流動性が低下する．そこで，好冷性細菌や低温性細菌では，脂質の不飽和度を増加させることによって相転移温度を低下させ，低温での膜脂質流動性を確保し，低温環境に適応しているのである．一方，好熱性細菌では，飽和脂肪酸の割合が高いことに加えて分枝したものが多い．また，温度が高くなると鎖が長くなる傾向も認められ，このことからも外部環境変化に応じた多様な膜組成変化がみてとれる．

● 6.3.3　浸透圧調節

　好塩性細菌にとって，細胞外の高い塩濃度は望むところと思われるかもしれないが，やはり外部環境ストレスの一種であることに変わりはない．しかし，好塩性細菌には，ストレスをむしろ好んで受け入れられるような他種の菌株に

＊アレニウスの法則：1989年にアレニウス（S. A. Arrhenius）は化学反応の速度定数（k）と温度との関係について次式を提出した：$k = A\exp(-E_a/RT)$．ここで，k が速度定数，R は気体定数，T は絶対温度，A は頻度因子，E_a は活性化エネルギーである．この式から，反応速度定数 k は，温度（T）が小さい，すなわち低温になると小さくなることがわかる．

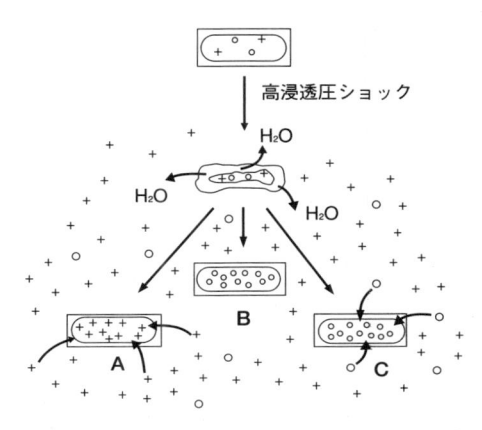

図6.4 高浸透圧ショックに対する真正細菌の応答方式：A, B, C
高浸透圧溶液に細菌細胞を浮遊させると，細胞内の水分を排出して膨圧を消滅させ体積の縮小を図る．次の段階として，増殖と生き残りのために，細胞内のイオン強度の増加や溶質の蓄積を行って，次のA〜C方式によって細胞外浸透圧との調整を行う．A：細胞外の主として陽イオンを取り込む．B：細胞外のイオンは取り込まず，細胞内で補償溶質を合成する．C：細胞外のイオンは取り込まないが，溶液中の有機物質を取り込んでオスモライトとする．＋：陽イオン，○：補償溶質．

は認められない対応策が用意されている．それは，細胞質内の溶質濃度を高め外部の高浸透圧と対抗しうる状態を形成することである．同じ好塩性細菌でも，真正細菌と高度好塩性古細菌とではその手法に違いがある．異なる対応法を具体的にみてみよう．

(1) 真正細菌の対応

真正細菌に高浸透圧ショックを与えると，図6.4に示すように，まず細胞内の水分を細胞外へ放出し，細胞体積を縮小させる．この最も簡単で素早い対応によって，細胞内の溶質濃度を相対的に増大させる応急処置が施される．この後，図中のA，B，Cに示された3通りの対応策のいずれかが採用されて生き残りを図る[2]．Aの対応は，細胞外に存在する主として陽イオンを細胞内に取り込んで浸透圧の調整を行うものである．塩を細胞内に蓄積することからsalt-in方式とよばれている．蓄積される塩の陽イオン種は，K^+が中心であり，

Na^+ はほとんど蓄積されない．これは，Na^+ が細胞内の酵素活性に負の作用を及ぼすが，K^+ ではそれが無視できる程度であることによる．Bの方式は，細胞外の溶質を取り込むことなく細胞内で補償溶質（compatible solutes）を生合成し，それだけで外部浸透圧に対抗しようとするものである．これは，イオンを細胞内に蓄積しないことから，salt-out方式とよばれている．最後のC方式は，B方式のように補償溶質を合成するとともに培養液中に存在する溶質を細胞内に取り込んで，補償溶質として浸透圧の調整に用いるものである．しかしながら，後者の取り込みでは，細胞外に適当な溶質が存在することが条件である．同時に，各補償溶質を細胞内に取り込むための輸送系（トランスポーター）が各細菌の細胞膜上に存在していなければならない．上記した応答方式のうちのどれかを採用できなければ，その細菌は高塩環境下で生き残ることはできない．たとえば，一般細菌の大腸菌は，細胞内で補償溶質を生合成できるが，高塩環境下でそれを有効に機能することができないので，高浸透圧下で増殖することはむずかしい．

(2) 古細菌の対応

　古細菌の場合には，細胞外の高浸透圧に対して二つの戦略の存在が知られている．一つは，*Halobacterium salinarum* に代表されるように高濃度の K^+ と Na^+ の両イオンを細胞内に蓄積して外部浸透圧に対抗するものである．もう一つの戦略は，メタン生成細菌の場合のように，無機イオンと補償溶質の両方を細胞内に蓄積する方法である．

　前述した真正細菌のA～Cの対応方式のうちのA方式において，K^+ が主に蓄積されていたことを思い出してほしい．古細菌と真正細菌における陽イオン種の違いは，両細菌の進化の観点からも興味深い．すなわち，古細菌ではタンパク質の安定性はどちらかといえば二の次で，取りあえず身近にある塩を蓄積して浸透圧対策としている．なぜならば，前項(1)で述べたイオンポンプや補償溶質の合成による細胞外の高浸透圧に対抗する手法は，1.5～2 Mの塩濃度下では有効であるが，高度好塩性古細菌が生息する超高塩濃度下ではイオンポンプがエネルギー的にも不適なためである．

　古細菌の対応をもう少し微視的にみてみよう．古細菌の細胞内に蓄積される

イオン種は，陽イオンでは K^+ や Na^+ であり，陰イオンでは Cl^- が中心である．高濃度の塩が細胞内に蓄積されると塩と細胞内の水分子との間で水和反応が起こる．その結果，タンパク質や核酸などの高分子の疎水性相互作用が大きくなって凝集が起こったり，それらの構造的な破壊が進行する．また，電荷を保護するために，高分子内や高分子間において存在する静電相互作用が妨害される．さらに，塩によって自由水が奪われ微生物の基本過程を維持することが困難になるなど，直接・間接に生存を脅かしかねない問題が発生する．そこで，高度好塩性細菌は，このような高塩環境下でも細胞内のタンパク質や他の高分子物質が機能できるように修飾し，対応を図っている．具体的には，タンパク質の表面に水和されやすい酸性のアミノ酸残基（たとえば，グルタミン酸やアスパラギン酸）を配置し，水和塩ネットワークをタンパク質表面に張り巡らせ，タンパク質の疎水性の緩和に役立たせている．細胞内陽イオンとして，Na^+ よりも K^+ のほうが中心的蓄積物であるが，それは K^+ のほうが Na^+ よりも水和する量が少ないことによる．

(3) 補償溶質の機能

ここで，補償溶質の機能や性質について簡単に触れてみよう．補償溶質は，高塩環境下において細胞内での生合成によって，あるいは細胞外に存在すれば細胞内に取り込むことによって細胞質内に蓄積される．それらは，基本的に細胞内諸活性に影響を与えることなく，細胞内の浸透圧増加に寄与するとともに外部浸透圧に対抗する小分子の有機物質である．これまで多種類にわたる補償溶質が，種々の菌株から同定されているが，そのうち両イオン性，非電荷性ならびに陰イオン性のそれぞれ代表的な溶質を図6.5に示す．確かに，補償溶質は好塩性細菌における浸透圧保護物質として細胞内に蓄積されるが，好熱性細菌などにおいても，種類は異なるが好塩性細菌と同様の作用の存在が認められている．一般に，超好熱性細菌では，陰イオン性溶質が中心であり，中度好熱性細菌では非電荷性の中性溶質が主である．これは，細胞内のタンパク質安定性とも関係しており，進化の段階で細胞成分を保護するために選ばれたものと考えられている．

補償溶質がタンパク質の安定化に寄与するといわれているが，その機構につ

(1) 両性イオン性溶質

グリシンベタイン　　　　R=H：エクトイン　　　　L-プロリン
　　　　　　　　　　　　R=OH：水酸化エクトイン

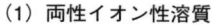

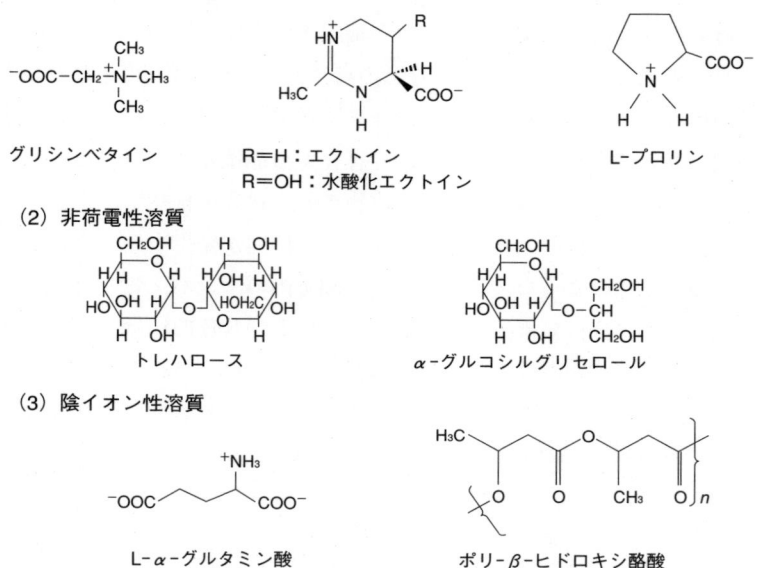

(2) 非荷電性溶質

トレハロース　　　　　α-グルコシルグリセロール

(3) 陰イオン性溶質

L-α-グルタミン酸　　　　ポリ-β-ヒドロキシ酪酸

図6.5　真正細菌・古細菌における代表的な補償溶質の分子構造

いては不明な点も多い．これまでに報告されている説では，細胞内に高濃度に蓄積された補償溶質がタンパク質表面で水分子と競争し，結果的に補償溶質が優先的にタンパク質表面から排除される．その結果，タンパク質と水の相互作用は維持されて，安定性が保たれるというものである．蓄積された補償溶質は細胞内の浸透圧増加に働いて外部浸透圧に対応するとともに，細胞内のタンパク質を外から包み込むように取り囲んでタンパク質をよりコンパクトにし，安定性の増大に導くのである．

　前述したように，補償溶質の種類や濃度は，細菌の種類や培養液組成，培養時間の違いなどによって大いに異なる．ここで，環状アミノ酸であるエクトインを主補償溶質として合成する海洋性細菌 *Brevibacterium* sp. JCM 6894 株の場合についてみてみよう．*Brevibacterium* sp. JCM 6894 株を異なる塩濃度下で増殖させると，図6.6から理解できるように，外部塩濃度に応じて種々の補償物質が合成される[3]．このうち，塩濃度の増加に依存して直線的に増加して

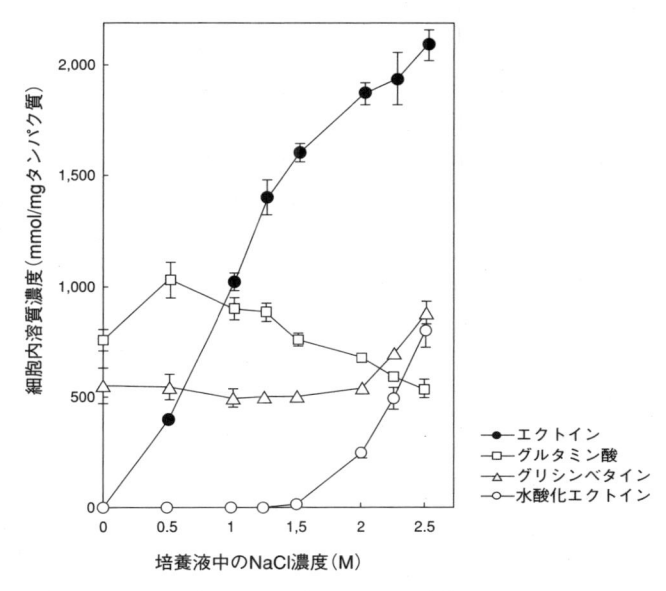

図 6.6 異なる塩濃度下で培養された海洋性細菌 *Brevibacterium* sp. JCM 6894 株の細胞内溶質の種類と濃度変化

いるのはエクトインである．このことから，エクトインが本菌の外部浸透圧に対抗する補償溶質であると結論される．本菌は，塩の非存在下でもまた高塩環境下（2.5〜3 M NaCl または KCl）でも増殖できる特性を有する耐塩性細菌であるが，高塩環境下での良好な増殖はこのエクトイン合成能に負っている．

(4) 補償溶質の応用

補償溶質は，化学合成品ではなく細菌自らが合成する環境にやさしい物質である．したがって，これらの物質の将来的な応用については，安全性や有用性の角度から幅広い可能性が考えられる．これまでに認められている具体例を下記に記す．

(1) タンパク質フォールディングに対する分子シャペロンとしての機能．不溶性やミスフォールドしたタンパク質が，補償溶質を添加することにより部分的に変性され，フォールディング状態に戻ったと報告されている．具体

的事例として，補償溶質のエクトインや水酸化エクトインの添加によって，アルツハイマー病として注目されているβアミロイドペプチドの凝集が阻止されることが示された．
(2) PCR 増幅効果．補償溶質のグリシンベタインやエクトインを添加すると，GC 含量が大きくかつ高い T_m 値をもつ DNA の PCR 増幅に大変有効であることが示されている．
(3) 低温下の微生物保護．微生物類を低温で保護する場合，補償溶質の添加はきわめて有効な方法である．たとえば，種々の細菌を長期間冷凍保存するときにグリシンベタインなどを共存させると，顕著な添加効果が認められている．
(4) 化粧品や薬品への添加効果．補償溶質の添加は，多様なストレスから細胞を守る作用がある．たとえば，皮膚細胞に紫外線 UVA を照射した場合，エクトインが存在すると紫外線ストレスから皮膚細胞を守るはたらきのあることが示された．今後，化粧品や薬品などへの幅広い応用が検討されている．
(5) ストレス抵抗性遺伝子組換え生物の作製．非好塩性生物に補償溶質の産生遺伝子を導入し，塩耐性を高めることが可能である．植物などの成長は，高塩環境下において困難な場合が多い．それを克服するために，供試生物（実験に供される生物．遺伝子組み込みなどの操作がされる前の生物）に補償溶質の合成遺伝子を組み込んで遺伝子組換え体を作製し，塩耐性を付与するものである．その結果，その遺伝子組換え植物が，高浸透圧下でも増殖可能になったと報告されている．

以上のような例がこれまでに知られているが，生物からつくられた環境にやさしい物質として補償溶質の有用性が今後ますます注目される．

文献

1) Larsen, H. : *FEMS Microbiol. Rev.*, **39**, 3-7 (1986)
2) Galinski, E. A. : *Adv. Microb. Physiol.*, **37**, 273-328 (1995)
3) Nagata, S., Adachi, K., Sano, H. : *Microbiology*, **142**, 3355-3362 (1996)

第7章

細菌を利用する遺伝子工学

7.1 細菌の遺伝情報伝達

● 7.1.1 細菌のゲノムサイズ

　20世紀末から始まったゲノムプロジェクトにより，多くの生物種の全ゲノム配列が決定されつつある．ゲノムプロジェクトとは，シーケンシングによって生物のゲノムの全塩基配列を解読しようとするプロジェクトである．ヒトをはじめ，シロイヌナズナや線虫などのモデル生物が主な対象である．1996年には出芽酵母のゲノム DNA が，2001年にはヒトのゲノム DNA の全塩基配列が解読された．細菌においても大腸菌（*Escherichia coli*）や枯草菌（*Bacillus subtilis*）をはじめ，結核菌（*Mycobacterium tuberculosis*）やピロリ菌（*Helicobacter pylori*）などの病原菌，高度好熱性細菌や高度好塩性細菌などの極限環境に生育する細菌など多くの種でゲノム配列が決定されている．2006年現在，真正細菌で200種類以上，古細菌で20種類以上のゲノム解読が終了しているが，大腸菌のように複数の株で解読されているものもあるので，正確には生物種としてはもう少し数は少なくなる．

　生物種間でゲノムサイズを比較すると，ゲノム鎖長は生物種の複雑さに対しての目安にすぎないことがわかる．哺乳類ではゲノム鎖長は30億塩基対（bp）程度であるが，両生類のサンショウウオでは150億 bp が，植物のユリの仲間

表 7.1　各種生物におけるゲノム DNA の長さと遺伝子数

生物の種類			ゲノムの長さ（Mb）	予測される遺伝子数
真核生物	哺乳類	ヒト	2,900	22,000
		チンパンジー	2,800	22,000
		マウス	2,700	24,000
	鳥類	ニワトリ	1,200	18,000
	両生類	サンショウウオ	15,000	—
	昆虫	ショウジョウバエ	180	13,800
	植物	イネ	390	40,000
		ユリの一種	120,000	—
	菌類	分裂酵母	13	6,680
		麹菌	37	10,000
原核生物	真正細菌	大腸菌（K-12）	4.6	4,400
		大腸菌（O-157）	5.5	5,400
		枯草菌	4.2	4,100
		コレラ菌	4	3,800
	古細菌	メタン生成細菌	1.7	1,700
		超好熱性細菌	1.7	2,000

ゲノムの長さは一倍体ゲノム（n）あたりの長さ．1 Mb は 100 万 bp を示す．

では 1,200 億 bp のゲノム鎖長が報告されている（表 7.1）．同様のことは遺伝子数でもいえ，哺乳類と比較して植物のイネで遺伝子数が 2 倍程度の多さであることが報告されている．そのため，哺乳類などの複雑で多彩な生命活動を説明するためには，遺伝子の発現制御が多様かつ正確に行われることが必要であると考えられるようになった．細菌のゲノム鎖長を他の生物種と比較すると，ヒトやシロイヌナズナなど，いわゆる高度に進化した生物種と比較して非常に短い．同様に，推定される遺伝子数も細菌では少ない傾向がある．しかし，全ゲノムの塩基対数に対する遺伝子部分が占める総塩基対数の割合は，ヒトでは約 5％程度であるのに対し，大腸菌では約 90％であり，その割合は大きく異なる．

　細菌内においてもゲノム鎖長および遺伝子数は多様であり，種内においても異なることがある．大腸菌では，ゲノム鎖長が 440 万〜560 万 bp と多様である．多くの研究に用いられている大腸菌 K-12 株においては，ゲノム鎖長が 460 万 bp であるのに対し，病原性として知られる大腸菌 O-157 株では 550 万

bp であり，約 20% も鎖長は異なる．同様に，推定される遺伝子数も K-12 株では 4,400 個に対し，O-157 株では 5,400 個であり，病原性を引き起こすベロ毒素や溶血毒素に関する遺伝子などが付加されている．K-12 株と O-157 株のゲノム間で共通する部分は約 410 万 bp であり，410 万 bp のゲノムをもった大腸菌の祖先種がさまざまな遺伝子を取り込み，多様な大腸菌グループに進化したと考えられている（コラム 7 参照）．

● 7.1.2　DNA の複製

　DNA の複製は，親の DNA にある情報を，次世代に伝えることである．次世代の細胞は親の二本鎖 DNA の 1 本をもらい，それに対応した新たな DNA 鎖 1 本をつくる半保存的複製を行う．DNA の複製速度は，動植物細胞などの真核生物と比べて，細菌を含む原核生物のほうが早い．真核生物では毎秒 50 bp 程度の速度であるのに対し，大腸菌では毎秒 1,700 bp 程度の速度で複製され，ゲノム全体の複製は 40 分ほどで終了する．しかし，真核生物ではショウジョウバエを例にすると，ゲノム全体の複製は数分で終了する．これは，細菌の複製開始点が 1 カ所でゲノム DNA 全体がレプリコン（replicon：複製単位）

コラム 7 ● 雌雄がある大腸菌

　大腸菌には雌雄が存在し，雌雄の菌体の接合（bacterial conjugation）により遺伝情報である DNA の伝達を行うことができる．雄の大腸菌は，性決定因子（F 因子）とよばれるプラスミド DNA をもつが，雌は F 因子をもたない．F 因子には，F 因子をもたない大腸菌に宿主である雄のゲノム DNA を伝達する能力がある．雌（F⁻）と雄（F⁺）の菌が接合すると，雄のゲノム DNA に F 因子が挿入し，挿入箇所から DNA の複製が開始される．複製された雄の DNA は雌に移動し，雌の DNA は移動した雄の DNA に相当する部分の DNA と組換えが生じる．また，DNA の移動と同時に F 因子も接合により雄から雌に伝達されるため，雌は F 因子をもつ雄に性転換する．接合による DNA の伝達は，遺伝的多様性を高めることになり，大腸菌グループの進化に大きな役割を果たしたと考えられている．

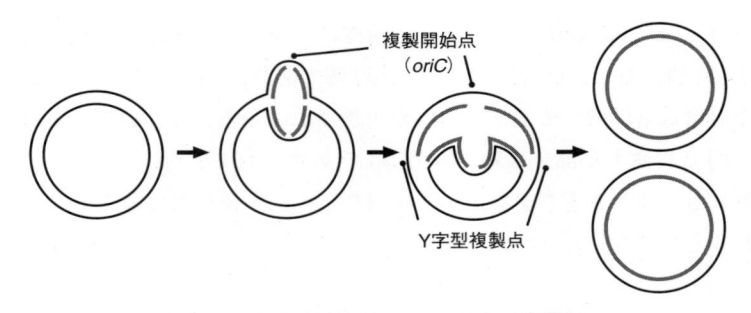

図 7.1　大腸菌環状 DNA の双方向性複製

であるのに対し，真核生物には複製開始点が多数存在し，多くのレプリコンとして DNA が複製されることによる．

　細菌のゲノム DNA は環状であり，その複製は *oriC*（origin of chromosomal replication）とよばれる 1 カ所の複製開始点から始まる．開始点で始まった DNA の合成は，両方向へ同時に進行する（図 7.1）．DNA の複製は，デオキシリボヌクレオチド三リン酸（dNTP）を重合させる酵素である DNA ポリメラーゼによって行われる．大腸菌の DNA ポリメラーゼには 5 種類が知られおり，それぞれ pol Ⅰ，pol Ⅱ，pol Ⅲ，pol Ⅳ，pol Ⅴとよばれる．DNA 鎖伸長に働くのは pol Ⅲであり，pol Ⅰは DNA の熟成と修復に働く．pol Ⅱ，pol Ⅳ，および pol Ⅴは修復に関与する．

　大腸菌の DNA 複製過程を図 7.2 に示す．複製の際，DNA 合成の場である Y 字型複製点は，DNA に沿って移動する．DNA の合成開始には，DNA 鎖の起点となる RNA プライマーが必要である．プライマーゼにより RNA プライマーは合成され，そこを起点に pol Ⅲは相補的な塩基対形成により塩基配列をコピーし，4 種類の dNTP（dATP，dGTP，dCTP，dTTP）を用いて相補的配列をもつ DNA を合成する．pol Ⅲは 5′から 3′の方向への合成を行うので，リーディング鎖（leading strand）とよばれる DNA 鎖の合成は連続的に行うことができる．もう一方のラギング鎖（lagging strand）とよばれる DNA 鎖では，岡崎フラグメント（Okazaki fragment）とよばれる 1,000 塩基程度の短い DNA 断片として合成され，合成後に pol Ⅰによる RNA プライマーの除去および DNA ヌクレオチドの付加と，連結酵素である DNA リガーゼによる

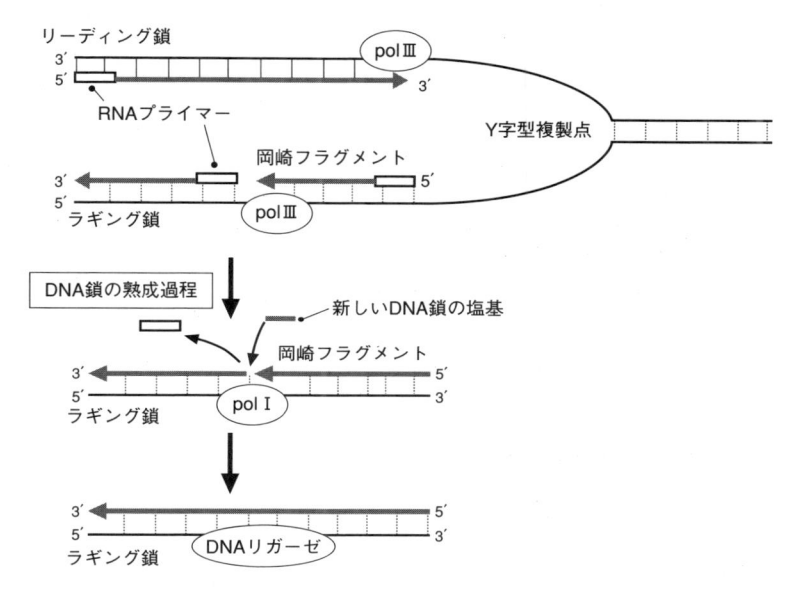

図7.2 大腸菌のリーディング鎖とラギング鎖での複製過程

DNA 断片の連結が行われ，熟成した DNA 鎖となる．

DNA の複製は，DNA ポリメラーゼによる校正を行いながら正確に行われるため，10^9 塩基に一つ程度の間違いしか生じない．DNA の複製過程において，pol Ⅰによる 3′ から 5′ の方向へのエキソヌクレアーゼ活性により，間違って連結したヌクレオチドは次のヌクレオチドが付加される前に 3′ 末端から取り除かれる．

● 7.1.3 遺伝子の転写

転写は遺伝情報を DNA から RNA に移すことであり，鋳型として働く DNA のアンチセンス鎖（マイナス鎖）の塩基配列に従って合成される．転写時，鋳型鎖の G は C，C は G，T は A，A は U と読み取られる．転写される RNA には，mRNA（伝令 RNA），tRNA（転移 RNA），rRNA（リボソーム RNA）などがある．

大腸菌の遺伝子転写過程を図 7.3 に示す．大腸菌の RNA ポリメラーゼは 3

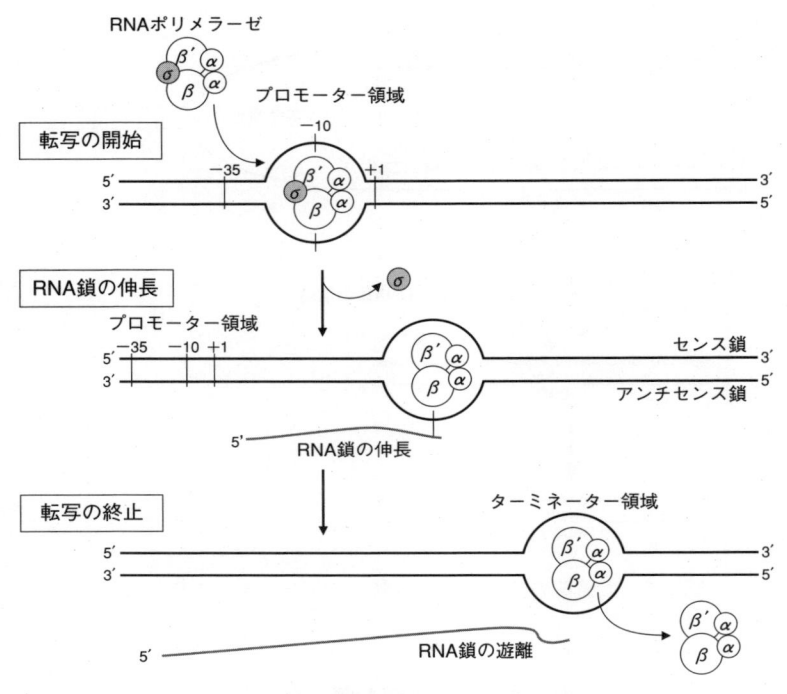

図 7.3 大腸菌の遺伝子転写反応

種類のサブユニット（α, β, β'）から構成されるコア酵素（core enzyme）（$\alpha_2\beta\beta'$）として存在するが，転写開始時にσサブユニットと結合してホロ酵素（holoenzyme）（$\alpha_2\beta\beta'\sigma$）になる．ホロ酵素の$\sigma$サブユニットは，プロモーター（promotor）である RNA 合成開始点（+1 部位）の上流 35 bp 付近の転写開始配列（−35 部位），および上流 10 bp 付近の転写開始配列（−10 部位）を認識する．ホロ酵素は−35 部位に結合後，−10 部位に移動し結合する．大腸菌のσサブユニットには 6 種類（σ^{70}, σ^{32}, σ^{54}, σ^{28}, σ^{24}, σ^{38}）が存在し，それぞれ異なったプロモーターを認識する．6 種類の中で分子量 70 K のσ^{70}が一般的であり，−35 部位の 5′-TTGACA-3′ 共通配列と−10 部位の 5′-TATAAT-3′ 共通配列を認識する．

RNA 合成が開始すると，RNA ポリメラーゼのσサブユニットは解離する．

残ったコア酵素（$\alpha_2\beta\beta'$）は，リボヌクレオチド三リン酸（rNTP）を重合してRNA鎖を，5′から3′の方向へ伸長させる．RNAポリメラーゼが進むにつれて二本鎖DNAは巻き戻されて開き，DNAのアンチセンス鎖の塩基と塩基対を形成する塩基がRNA鎖に加わると，ポリメラーゼの後ろで二本鎖DNAは巻き直されて閉じる．二本鎖DNAが開いているのは，わずか数塩基程度の領域である．RNA合成は，RNAポリメラーゼがターミネーター（terminator）とよばれる転写終結部位に到達すると，DNAからRNAとRNAポリメラーゼが離脱し終止する．ターミネーター領域は前半にはGC塩基対が多く，後半にはAT塩基対が多い．

　RNAの種類によっては離脱後に修飾などの転写後処理が行われる．tRNAは転写時に前駆体分子として合成されるが，リボヌクレアーゼにより5′末端や3′末端の余分な配列が除去される．3′末端にCCAという末端配列がない場合は，付加される．また，転写後に化学的な修飾によりA，G，U，C以外の特殊塩基が既存塩基をもとに形成される．大腸菌においてrRNAは，3個のrRNA（16S，23S，5S）と数個のtRNAを含む1個のRNAとして転写される．これらは，リボヌクレアーゼにより切断され，各分子に分離する．細菌のmRNAは転写時に熟成しており，転写後処理は行われない．

● **7.1.4　遺伝情報の翻訳**

　翻訳とはmRNAを鋳型としてアミノ酸を連結し，タンパク質合成を行う過程をいう．mRNAの連続する3塩基をコドン（codon）といい，それぞれ1種類のアミノ酸に対応する（表7.2）．64個のコドンのうち，61個のコドンはそれぞれ20種類のアミノ酸に対応するが，UAA，UAG，UGAの3個に対応するアミノ酸はなく，タンパク質の合成終了を指定する終止コドンとして使用される．AUGはメチオニンのコドンであるが，mRNAの翻訳時に最初に現れるAUGは，翻訳開始アミノ酸であるホルミル化メチオニン（fMet）にも対応し，タンパク質合成開始を指定する開始コドンとなる．また，大腸菌などの原核生物では，バリンをコードするGUGが開始コドンとなることが稀にあり，その場合の翻訳開始アミノ酸はホルミル化バリン（fVal）である．

　タンパク質合成に先立ち，アミノアシルtRNA合成酵素によるアミノ酸活

表7.2　遺伝暗号表

第1塩基 (5′)	第2塩基				第3塩基 (3′)
	U	C	A	G	
U	UUU （Phe） UUC （Phe） UUA （Leu） UUG （Leu）	UCU （Ser） UCC （Ser） UCA （Ser） UCG （Ser）	UAU （Tyr） UAC （Tyr） UAA （終止） UAG （終止）	UGU （Cys） UGC （Cys） UGA （終止） UGG （Trp）	U C A G
C	CUU （Leu） CUC （Leu） CUA （Leu） CUG （Leu）	CCU （Pro） CCC （Pro） CCA （Pro） CCG （Pro）	CAU （His） CAC （His） CAA （Gln） CAG （Gln）	CGU （Arg） CGC （Arg） CGA （Arg） CGG （Arg）	U C A G
A	AUU （Ile） AUC （Ile） AUA （Ile） AUG* （Met）	ACU （Thr） ACC （Thr） ACA （Thr） ACG （Thr）	AAU （Asn） AAC （Asn） AAA （Lys） AAG （Lys）	AGU （Ser） AGC （Ser） AGA （Arg） AGG （Arg）	U C A G
G	GUU （Val） GUC （Val） GUA （Val） GUG* （Val）	GCU （Ala） GCC （Ala） GCA （Ala） GCG （Ala）	GAU （Asp） GAC （Asp） GAA （Glu） GAG （Glu）	GGU （Gly） GGC （Gly） GGA （Gly） GGG （Gly）	U C A G

＊は翻訳開始コドンとしても利用される．

性化が行われる．活性化により，アミノ酸のカルボキシル基をtRNAの3′末端にあるアデノシンのOH基へ転移し，アミノアシルtRNAができる．tRNAには，それぞれのアミノ酸に特異的な少なくとも1種類の分子が存在し，翻訳過程における特異的な転移機構を可能にしている．同様に，アミノアシルtRNA合成酵素にもアミノ酸特異性があり，各アミノ酸に対する少なくとも1種類の酵素が存在する．

　リボソームはタンパク質合成の場であり，翻訳における中心的な役割を果たす．大腸菌の70Sリボソームは50Sサブユニットと30Sサブユニットからなり，50Sサブユニットは23S rRNA，5S rRNA，および34種類のタンパク質から，30Sサブユニットは16S rRNAと21種類のタンパク質から構成される．リボソームは直径20 nmで長さは30 nmあり，大小のサブユニットの間にはmRNAが結合するとともに，翻訳に関与する各種分子が結合する活性中心がある．活性中心にはアミノ酸・ペプチド結合の形成とtRNAの離脱に関与す

るP部位（peptidyl-tRNA binding site：ペプチジルtRNA結合部位）と，アミノアシルtRNAが結合するA部位（aminoacyl-tRNA binding site：アミノアシルtRNA結合部位）がある．

　大腸菌の翻訳過程を図7.4に示す．タンパク質合成はmRNAへの30Sサブユニットの結合から始まる．開始コドンAUG（稀にGUG）上流にあるシャイン・ダルガーノ配列（Shine-Dalgarno sequence：SD配列）とよばれる5′-AGGAGGU-3′共通配列に，30Sサブユニットを形成する16S rRNAが結合する．fMetと結合したtRNA（fMet-tRNAf）は，30SサブユニットのP部位上に位置するmRNAの開始コドンに結合する．このようにして出来上がったmRNA，30Sサブユニット，およびtRNAf複合体を30S開始複合体という．なお，この複合体形成には翻訳開始因子（IF1，IF2，IF3）という30Sサブユニットに結合するタンパク質が必要である．30S開始複合体からIF3が離脱後，30S開始複合体に50Sサブユニットが結合し，IF1，IF2とGTPから変換したGDPが離脱して70S開始複合体が形成される．

　70S開始複合体のA部位に，翻訳伸長因子EF-TuおよびGTPと複合体を形成したアミノアシルtRNAが運搬され，ペプチド鎖の伸長が開始される．A部位にアミノアシルtRNAが到達すると，EF-TuはGTPをGDPに変換して70S開始複合体から解離する．50Sサブユニットの23S rRNAとタンパク質からなるペプチジルトランスフェラーゼのはたらきにより，P部位にあるfMet-tRNAfのカルボキシル基は，A部位にある第2番目のアミノアシルtRNAのアミノ基へ転移されてペプチド結合が形成される．続いて，伸長因子EF-GがGTPをGDPに変換して得られたエネルギーにより，fMetを渡したtRNAがP部位から離れ，ペプチド鎖を結合したtRNAがA部位からP部位へ移動する．その後，リボソームがmRNAの3′末端方向へ3ヌクレオチド（1コドン）分移動し，A部位に新たなコドンが露出する．第3番目のアミノアシルtRNAは空いたA部位に運搬され，ペプチド転移およびtRNAの転移によりペプチド鎖が伸長する．この反応が連続することにより，mRNAの情報に従ってアミノ酸が連結されていく．大腸菌では，1秒間に約20個のアミノ酸が連結される．

　リボソームのA部位がmRNAの終止コドンに到達すると，翻訳を終結させ

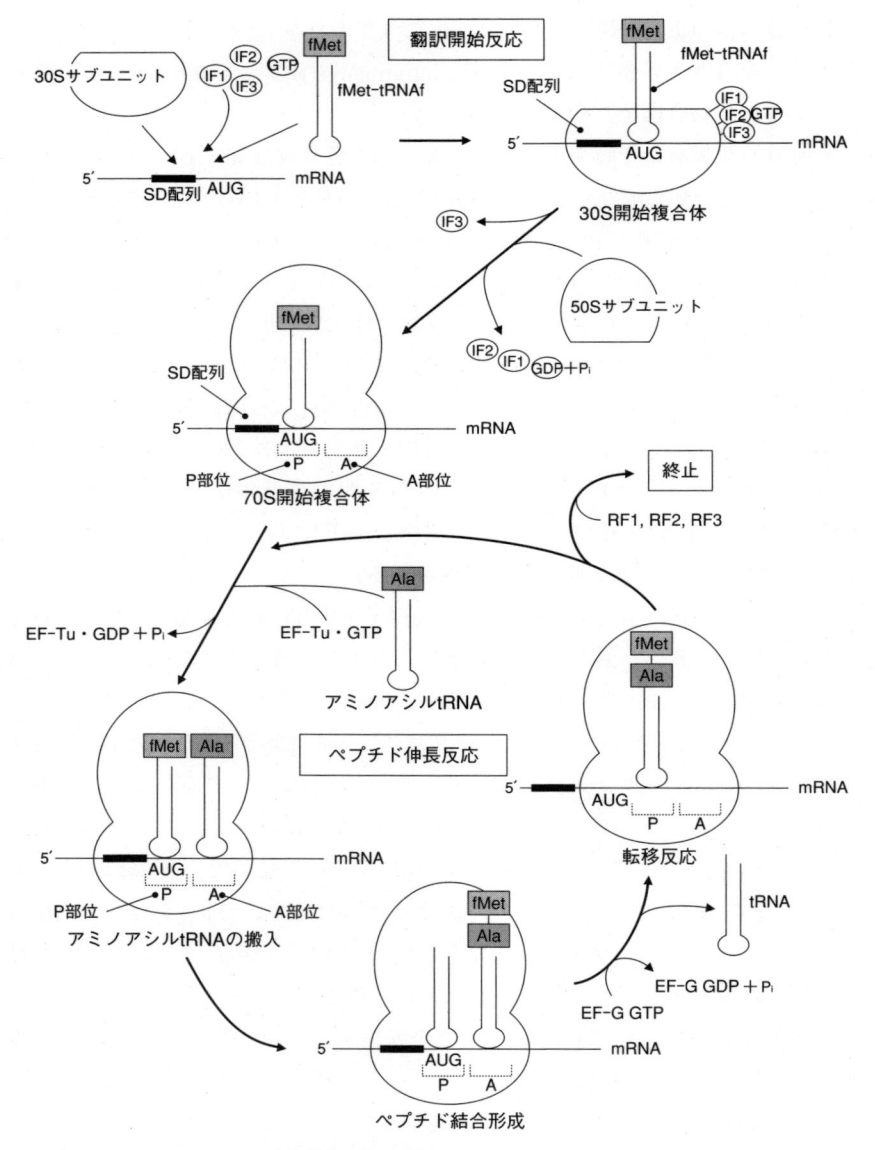

図 7.4　大腸菌の翻訳開始およびペプチド伸長機構

る解離因子（RF1, RF2）がA部位に結合し，ペプチド鎖の伸長を停止する．RF1は終止コドンであるUAAとUAGを認識し，RF2はUGAを認識する．続いて，解離因子RF3の作用によりペプチジルトランスフェラーゼの活性が変化し，ペプチド鎖とtRNAとの間の結合が切断される．ペプチド鎖はtRNAやmRNAとともにリボソームから遊離し，最後にリボソームが30Sサブユニットと50Sサブユニットに解離する．遊離した大腸菌のペプチド鎖では，N末端のfMetはデホルミラーゼによりホルミル基が除去され，さらに多くの場合ではN末端のメチオニン自体が取り除かれる．

● **7.1.5 大腸菌ラクトースオペロンにおける遺伝子発現の制御**

　細菌をはじめとする原核生物では，機能的に関連した遺伝子は単一のプロモーターにより転写されるオペロン（operon）とよばれる近接した遺伝子集団を形成している．その代表例が大腸菌のラクトースオペロン（lacオペロン）であり，大腸菌によるラクトース分解を説明するためにジャコブ（F. Jacob）とモノー（J. L. Monod）により1961年に提唱されたものである（図7.5）．lacオペロンは，グルコースなどの資化に適した糖が欠乏した環境下で，ラクトースが栄養源として存在する場合にのみ機能する．

　ラクトースの資化にあたり，lacオペロンの構造遺伝子であるlacZ，lacY，lacAがコードする酵素，それぞれβ-ガラクトシダーゼ，β-ガラクトシド透過酵素，およびβ-ガラクトシドトランスアセチラーゼが生産される．lac構造遺伝子の転写は，制御遺伝子であるlacIがコードするlacリプレッサーとよばれる制御タンパク質により調節される．ラクトースが栄養源として存在しない場合，lacリプレッサーはプロモーター（lacP）の転写開始点にあるlacオペレーター（lacO）に結合し，lac構造遺伝子の転写を阻止する．lacリプレッサーの結合により，RNAポリメラーゼはlacPにあるRNAポリメラーゼ結合部位に結合できない．一方，ラクトースがある場合は，ラクトースから合成されたインデューサーがlacリプレッサーと結合すると，lacリプレッサーの構造変化が生じる．その結果，lacリプレッサーはlacOに結合できず，転写抑制は解除される．

　lacオペロンの転写は，lacリプレッサーによる負の調節を受けると同時に，

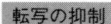

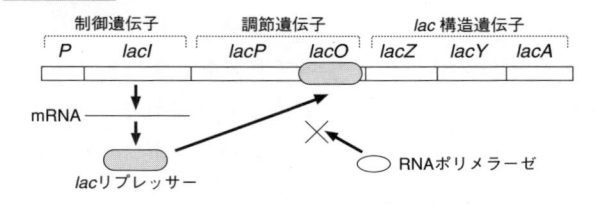

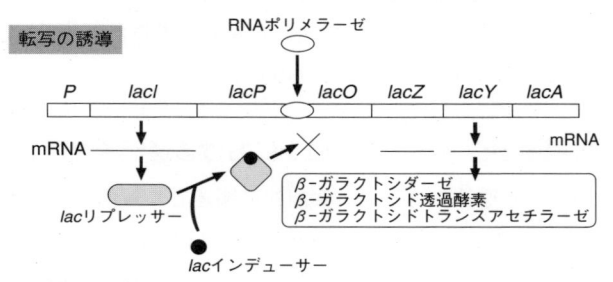

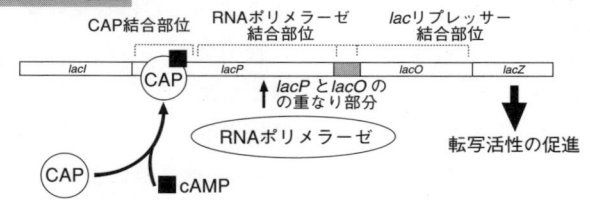

図 7.5 大腸菌ラクトースオペロンの発現調節機構

CAP（カタボライト遺伝子活性化タンパク質）とよばれる *lacP* プロモーターに結合するタンパク質による正の調節を受ける．CAP は cAMP（cyclic adenosine 3′,5′-monophosphate）と結合すると活性化し，*lacP* の CAP 結合部位に結合し，*lac* 構造遺伝子の転写を 50 倍程度に増幅する．cAMP は細菌や動物組織に広く分布し，ホルモンや生理活性物質などの伝達機構におけるセカンドメッセンジャーとして知られている．cAMP はアデニル酸シクラーゼにより ATP から合成されるが，この酵素はグルコースにより阻害される．そのため，栄養源として十分にグルコースが存在する場合は，cAMP の細胞内濃度は cAMP-CAP 複合体を形成できるほどの濃度に達せず，グルコースは

優先して代謝される．ラクトースとグルコースが栄養源として豊富に存在する場合，まずグルコースが代謝され，その後にラクトースが代謝される．このような条件下で生育させた大腸菌の増殖は，二度の対数増殖期を迎える2段階増殖（ジオキシー）の曲線を描く．

7.2 遺伝子工学と細菌

● 7.2.1 遺伝子組換え技術

遺伝子組換え技術とは，細胞から取り出した遺伝子に操作を加えたり，試験管内で酵素などを用いて異種間のDNAを結合したりし，それを利用して遺伝子産物であるタンパク質を細胞につくらせることをいい，生命科学や生物工学では非常に重要な位置を占める．DNAの構成は，あらゆる生物においてA，C，T，Gの塩基が利用されており，違いはその並び方，すなわち塩基配列の違いのみである．したがって，原則的に異種生物間でのDNAの交換は可能であり，遺伝子組換え技術はこの点に基礎を置いている．

遺伝子組換え技術には，細菌自身の利用をはじめ，多くの細菌由来のプラスミドや酵素類の機能が利用されている．遺伝子組換え技術では，特定遺伝子を細菌や酵母などの微生物に導入して発現させ，その高い増殖能力を背景に有用物質を大量に産生させることを可能にした．特定遺伝子のクローニングや発現にはベクターが使用されるが，これらはいずれも細菌をはじめとする微生物由来である．また，DNAの特異的塩基配列を認識し切断する制限酵素，DNAを連結するDNAリガーゼ，特定の遺伝子領域をPCR法で増幅する際に用いるDNAポリメラーゼなどは細菌などの微生物由来のものであり，遺伝子工学の道具として非常に重要である．

● 7.2.2 細菌の機能利用

(1) プラスミド

プラスミド（plasmid）は，細菌ゲノムとは独立して細菌細胞内に存在する自己複製能力を有する環状DNAのことである．プラスミドDNAの複製には

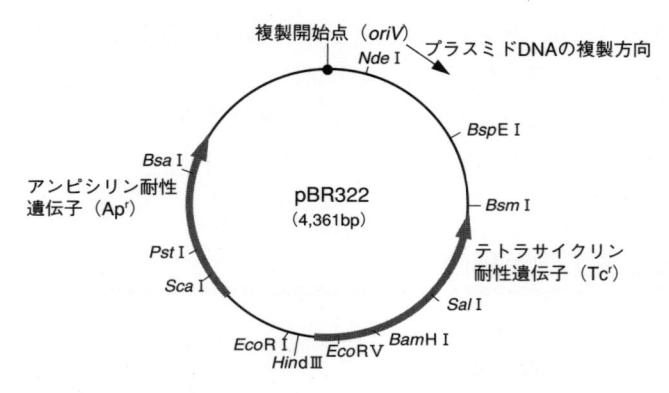

図 7.6 大腸菌プラスミドベクター pBR322 の構造

宿主である細菌の酵素類が使用され，細胞内で数個から 30 個程度まで複製し，細菌細胞の分裂時には親細胞から次世代の細胞へ代々受け継がれていく．細菌の生育には必須ではないが，抗生物質の合成や薬剤耐性能力などさまざまな性質を細菌に付与する．

　プラスミドは細菌のゲノム DNA と比較してきわめて小さな DNA 分子であり，細胞からの分離や試験管内での操作が容易であることから，遺伝子組換え技術では目的遺伝子の宿主細菌内への導入および，細菌細胞内における保持を行うベクター（vector）として用いられる．古くから大腸菌宿主において用いられている pBR322 プラスミドは，pMB1 プラスミドに手を加えた人工プラスミドベクターであり，遺伝子組換え細菌の選抜に便利なテトラサイクリン耐性遺伝子（Tc^r）とアンピシリン耐性遺伝子（Ap^r）を保持する（図 7.6）．この pBR322 をもとに，pUC 系など多くの改良型プラスミドベクターが開発された．その一つである pUC18 は，Ap^r 遺伝子と大腸菌の β-ガラクトシダーゼをコードする *lacZ'* 遺伝子をもち，さらに *lacZ'* 遺伝子内に各種の制限酵素で切断した遺伝子断片を挿入できるマルチクローニング部位を有するプラスミドで，目的遺伝子のクローニングに広く用いられている．

(2) 制限酵素

　制限酵素（restriction enzyme）は，細菌が自己防衛のために保有する酵素

表 7.3 細菌由来の制限酵素

制限酵素	認識配列	細菌
EcoR I	5′-GAATTC-3′ 3′-CTTAAG-5′	Escherichia coli（大腸菌）
EcoR V	5′-GATATC-3′ 3′-CTATAG-5′	Escherichia coli（大腸菌）
Xho I	5′-CTCGAG-3′ 3′-GAGCTC-5′	Xanthomonas holcicola
Hind III	5′-AAGCTT-3′ 3′-TTCGAA-5′	Haemophilus influenzae（インフルエンザ菌）
BamH I	5′-GGATCC-3′ 3′-CCTAGG-5′	Bacillus amyloliquefaciens
Hae III	5′-GGCC-3′ 3′-CCGG-5′	Haemophilus aegyptius
Sma I	5′-CCCGGG-3′ 3′-GGGCCC-5′	Serratia marcescens（セラチア菌）
Dra I	5′-TTTAAA-3′ 3′-AAATTT-5′	Deinococcus radiophilus

認識配列内の矢印は DNA 鎖の切断位置．

であり，バクテリオファージなど細菌内部に侵入してくる外来 DNA を切断し排除する．各種の制限酵素は特異的な塩基配列を認識し，二本鎖 DNA を切断するエンドヌクレアーゼであり，その種類は細菌種の多彩さと同様に多様である（表7.3）．制限酵素の塩基配列認識と切断のパターンは3種類に分類され，I 型と III 型酵素は認識配列と切断点とが一致しないが，II 型酵素は回文構造を示す 3〜8 塩基の配列を認識し，その配列内に切断点をもつ．また，I 型と III 型酵素は切断に ATP を必要とする．そのため，遺伝子工学において制限酵素

は使用しやすいII型酵素が用いられる．遺伝子組換え技術において，制限酵素はベクターであるプラスミドに目的遺伝子を連結するために，DNA切断面を一致させる役割を担う．プラスミドの目的遺伝子挿入部分と目的遺伝子の末端を同一の制限酵素で処理し，切断面を対応させた後，DNA連結酵素であるDNAリガーゼにより連結する．

(3) その他の酵素類

DNAリガーゼ（ポリデオキシリボヌクレオチドシンターゼ）は，DNA鎖の3′-水酸基と5′-リン酸基をホスホジエステル結合で連結する酵素であり，大腸菌ではゲノムDNA複製時に岡崎フラグメントの連結を行うことが知られている．遺伝子組換え技術においてDNAリガーゼは，制限酵素で切断したベクターであるプラスミドと目的遺伝子を連結するために用いる．

DNAポリメラーゼは，4種類のデオキシリボヌクレオチド三リン酸（dNTP）を用いて鋳型DNAの相補的配列をもつDNAの合成を行う酵素である．遺伝子工学において，DNAポリメラーゼはPCR（polymerase chain reaction：ポリメラーゼ連鎖反応）法による特定のDNA領域の増幅に用いられる．PCR反応には，当初はクレノー断片という大腸菌のDNAポリメラーゼIから，5′から3′の方向へのエキソヌクレアーゼ活性を除去したものを用いたが，二本鎖DNA変成過程の温度上昇時に酵素活性が失活し，サーマルサイクルごとに酵素を添加しなければならなかった．この問題は，高度好熱性細菌 *Thermus aquaticus* 由来の耐熱性DNAポリメラーゼ（Taq DNAポリメラーゼ）の利用により解決され，PCR法が広く用いられるようになった．

逆転写酵素は，一本鎖RNAを鋳型としてDNAを合成するRNA依存性DNAポリメラーゼで，RNAウイルスに属するレトロウイルスから発見された．レトロウイルスは宿主細胞に侵入した後，遺伝情報の伝達は，ゲノムRNAから逆転写酵素により合成されたDNAより行う．逆転写酵素は分子生物学研究や遺伝子工学において，mRNAを鋳型に相補的DNA（cDNA）を合成する酵素として用いられ，活動している遺伝子の同定や単離に使われる．

(4) 宿主細胞

遺伝子工学において，遺伝子のクローニングや発現に用いられる宿主細胞として，細菌では大腸菌や枯草菌が使用される．大腸菌 K-12 株は遺伝学や生理学などの研究に古くから使われている標準株であり，遺伝子組換え研究においても標準的な宿主細胞として用いられている．抗生物質耐性遺伝子を有するプラスミドベクターを大腸菌宿主に導入すると，大腸菌は抗生物質がある環境でも生育できるため，プラスミドベクターの導入に成功した細胞を容易に選抜することができる．大腸菌は，低温の $CaCl_2$ 溶液に懸濁することで高い DNA 取り込み能力（コンピテンス：competence）を示す．枯草菌では，Marburg 168 株が主に遺伝子組換え研究での宿主細胞として用いられている．枯草菌は，細胞濃度の高い対数増殖期後期から定常期でコンピテンスを示す．

● 7.2.3　遺伝子クローニングの実際

遺伝子クローニング（gene cloning）法は，ゲノム DNA や cDNA から特定の遺伝子や DNA 領域を遺伝子組換え技術を用いて単離し，均一の DNA 分子を大量に増加させる手法である．微量の DNA サンプルを用いる場合は，一般に PCR 法による特定 DNA 領域の増幅を行い，DNA 量の増加を図る．

(1) PCR 法による DNA 増幅

PCR 法は，ごく微量の DNA サンプルから DNA 塩基配列中の目的の DNA 領域を多量に増幅する技術である．増幅には，鋳型になる二本鎖 DNA，Taq DNA ポリメラーゼ，デオキシリボヌクレオチド三リン酸（dNTP）溶液と，二本鎖 DNA の増幅したい領域の両 3′ 末端部と相補的な塩基配列をもつ合成一本鎖 DNA プライマー（primer）が必要である．プライマーは増幅領域の両端に対応するフォワードプライマーとリバースプライマーの 2 種類が必要であり，既知配列をもとに通常は数十塩基程度の長さで合成する．

PCR は以下の過程で進行する（図 7.7）．PCR 反応溶液を 94℃に加熱し二本鎖 DNA を一本鎖 DNA に分離した後，ただちに反応溶液の温度を 45〜65℃に下げると，一本鎖 DNA にプライマーが結合（アニーリング：annealing）する．プライマーのアニーリング温度は，プライマーの塩基配列により異なり，

```
         PCR反応溶液
    ▭ フォワードプライマー
    ■ リバースプライマー
    dNTP(dATP, dCTP, dTTP, dGTP)
    Taq DNAポリメラーゼ
    鋳型DNA 5'━━━━━━━3'
           3'━━━━━━━5'
```

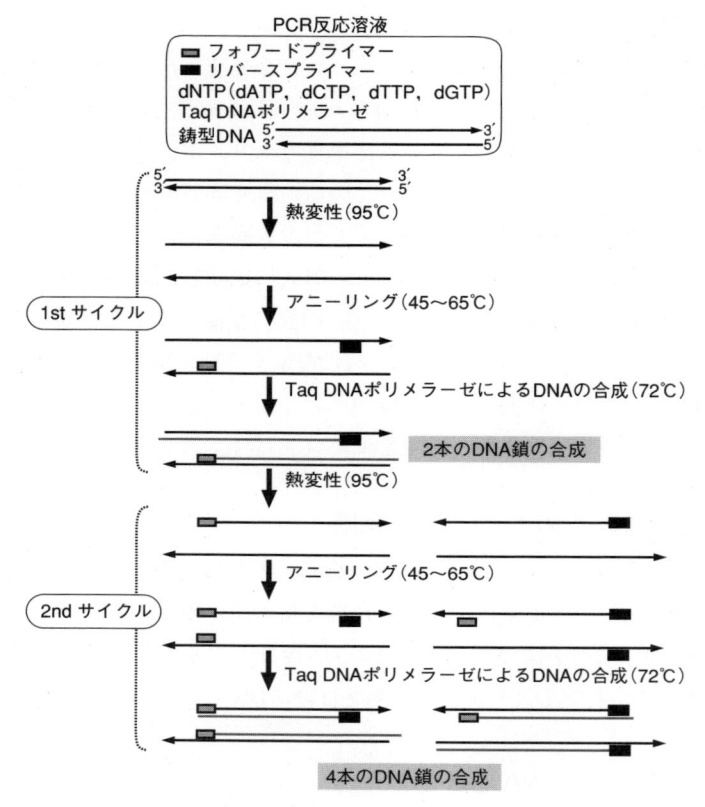

図7.7 PCR法によるDNAの増幅

GC含量が高いほど温度は高くなる．次に反応溶液を72℃に加熱するとTaq DNAポリメラーゼがプライマーを起点に，DNAの複製機構に従って一本鎖DNAに相補的なdNTPが連結され，DNA鎖の伸長が行われる．加熱に費やす時間は，94℃の二本鎖分離過程が30秒～1分程度，アニーリングの過程が30秒～1分程度，72℃のDNA鎖伸長過程が1分～2分程度である．こうして1回のPCR法で，1本の二本鎖DNAから2本の二本鎖DNAが得られ，10回の反応を繰り返すと1,024本に，20回の反応で約100万本に目的のDNA領域を増幅することができる．これらの操作は，短時間で温度上昇や下降を繰り返し，入力されたプログラムに従って温度制御を実行するサーマルサイクラーに

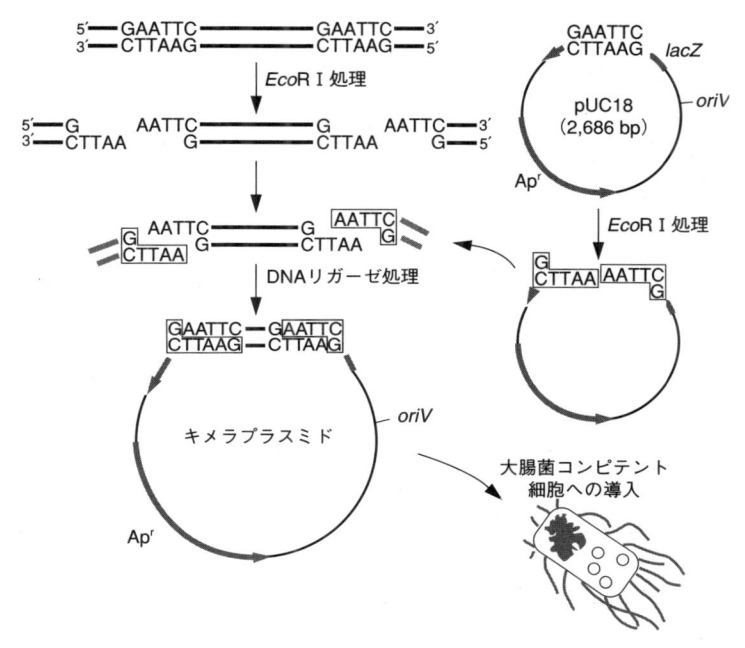

図 7.8　遺伝子クローニング法

より自動的に行われる．

(2) 遺伝子クローニング

　大腸菌を宿主とした遺伝子クローニングの操作過程を図 7.8 に示す．PCR 法で得られた DNA 分子あるいはゲノム DNA とプラスミド DNA を，任意の制限酵素で切断する．*Eco*R I を使用した場合は 5′-GAATTC-3′ 配列が認識され，5′-AATT の 4 塩基一本鎖が突出した切断面が生じる．同じ制限酵素で切断した DNA 断片とプラスミド DNA を混合すると，相補性がある切断面は水素結合により結合し，さらに DNA リガーゼを添加すると DNA 鎖の切れ目はホスホジエステル結合で連結する．その結果，プラスミド DNA に外来の DNA 断片が結合したキメラプラスミドが生じる．

　キメラプラスミドを大腸菌コンピテント細胞と混合し氷中で冷却すると，キ

メラプラスミドは細胞内に取り込まれる．その後，42℃で数十秒間熱ショックを与えて膜の流動性変化により取り込みを促進させ，再び氷中で冷却する．これをプラスミドがもつ耐性遺伝子に合わせた抗生物質を添加した培地で培養し，プラスミドを取り込んだ大腸菌を選抜する．こうして目的の DNA 断片を結合したキメラプラスミドは，宿主である大腸菌の増殖とともに複製され，次世代の細胞にも受け継がれていく．

選抜された大腸菌には，DNA 断片と連結せずに環を閉じたプラスミドや，目的の DNA 断片をもたないものも含まれる．そのため，大腸菌コロニーの一部を直接 PCR 反応溶液に入れて PCR を行い，挿入した DNA 断片を確認するコロニー PCR 法や，プラスミド DNA を抽出して挿入 DNA 断片の塩基配列を DNA シーケンサーにより決定するなどの方法により，目的の DNA 断片のプラスミド挿入を確認する．

7.3 遺伝子工学の成果

● 7.3.1 インスリンの生産

インスリン（insulin）は膵臓のランゲルハンス島の β 細胞から分泌されるペプチドホルモンの一種であり，血糖値の恒常性維持に重要である．インスリンの分泌は血中のグルコース濃度に支配され，血糖量が上昇すると分泌量が増加し，血糖量は下がる．

インスリンには血糖値を低下させる効果があり，糖尿病治療に用いられる．かつては，治療にブタやウシの膵臓から得られたインスリンを使用していたが，抗体反応によるインスリンアレルギーが生じてしまい，治療に支障をきたしていた．現在は，大腸菌や酵母などにヒトのインスリンの前駆体であるプロインスリンをコードする遺伝子を導入し，ヒトインスリンの生産を行っている．インスリンは，亜鉛やプロタミンを結合することにより，速効型，中間型，持続型など持続時間のコントロールが可能となるため，この結合体が治療薬に用いられている．また，ヒトインスリンのアミノ酸配列を一部変更し，持続時間を変えたものも開発されている．

● 7.3.2　低臭納豆菌の開発

　納豆は，大豆を納豆菌（*Bacillus natto*）で発酵させた日本の伝統食品であり，粘りと独特なにおいが特徴的である．粘りは，グルタミン酸が一列に数万個連結したγ-ポリグルタミン酸と糖質のフラクタンが絡み合って生じたものである．また，においは短鎖分岐脂肪酸，アンモニア，ピラジン類，ジアセチルなど65種類の成分で構成されている．その独特のにおいから納豆に対する消費者の反応はさまざまで，低臭納豆の開発は食品メーカーにとって消費者拡大における重要な課題であった．

　研究の結果，におい成分の一つである短鎖分岐脂肪酸の合成経路で働くロイシン脱水素酵素（LDH）の機能を遺伝子工学的手法で欠損させた短鎖分岐脂肪酸非生産菌は，通常の納豆と比較してにおいの弱い納豆をつくることが報告された．その研究成果をもとに，食品メーカーは突然変異法により取得したLDH欠損株を利用し，低臭納豆の商品化に成功している．

● 7.3.3　チーズ生産酵素キモシンの生産

　キモシン（chymosin）はアスパラギン酸プロテアーゼの一種であり，チーズを製造する過程で牛乳の凝固に利用される酵素である．仔ウシの第4胃液中に存在し，古くから第4胃から抽出されたキモシンをチーズ生産に利用してきたが，現在は糸状菌の一種である *Mucor pusillus* や *Rhizomucor pusillus* などが生産する凝乳酵素や，遺伝子組換え大腸菌により生産されるキモシンが多く利用されている．遺伝子組換え大腸菌にはウシ由来のキモシンの前駆体であるプロキモシンをコードする遺伝子が導入されており，生産されたプロキモシンは酸性処理により活性型のキモシンとなる．また，アミノ酸置換によりプロテアーゼ活性が野生型と比較して2倍程度高いキモシンも生産されている．

● 7.3.4　好熱性細菌由来の酵素類

　好熱性細菌である *Bacillus stearothermophilus* 由来のα-アミラーゼは，発酵工業におけるデンプンの液化（糖化）過程で利用される．液化処理は95℃程度の高温で行われ，耐熱性α-アミラーゼによりデンプンはオリゴ糖に分解

される．この耐熱性 α-アミラーゼは，*B. stearothermophilus* の α-アミラーゼ遺伝子を導入した遺伝子組換え枯草菌により生産されている．

　プロテアーゼはタンパク質やペプチド鎖のペプチド結合を加水分解する酵素であり，食品の生産や加工に使われる他に，洗剤用酵素としても利用される．超好熱性古細菌である *Pyrococcus furiosus* の生産するプロテアーゼは 95℃ の高温下でも機能するとともに，高濃度の有機溶媒などに対しても耐性を示し，工業的利用における幅広い応用が期待されている．この耐熱性プロテアーゼの生産は，*P. furiosus* の遺伝子を導入した遺伝子組換え大腸菌により行われている．

　分子生物学および遺伝子工学で広く用いられる PCR 法で使用する Taq DNA ポリメラーゼは，高度好熱性細菌である *Thermus aquaticus* 由来の耐熱性 DNA ポリメラーゼである．Taq DNA ポリメラーゼは，*T. aquaticus* の DNA ポリメラーゼ遺伝子を導入した遺伝子組換え大腸菌により生産されている．

●参　考　図　書●

Alberts, B. 他著，中村桂子 他訳：細胞の分子生物学　第3版，ニュートンプレス（1995）
Brock, T.D. 著，柳沢嘉一郎・関 文威 訳：微生物学概論（上）・（下），共立出版（1978）
Gest, H. 著，高桑 進 訳：微生物の世界，培風館（1991）
服部 勉：微生物学の基礎，学会出版センター（1986）
掘越弘毅 他：極限環境微生物とその応用，講談社サイエンティフィク（2000）
今中忠行 監修，加藤千明 他編：微生物利用の大展開，エヌ・ティー・エス（2002）
石川辰夫・駒形和男 他編：図解 微生物学ハンドブック，丸善（1990）
古賀洋介・亀倉正博 編：古細菌の生物学，東京大学出版会（1998）
Madigan, M.T. 他著，室伏きみ子・関 啓子 監訳：Brock 微生物学，オーム社（2003）
中村道徳 編：生物窒素固定，学会出版センター（1980）
中村 運：微生物からみた生物進化学，培風館（1983）
中村 運：細胞進化，培風館（1987）
岡山繁樹・高橋義夫・若松國光・小泉 修：基礎生物学シリーズ3 生命とエネルギー，共立出版（1981）
大嶋泰治 他編：バイオテクノロジーのための基礎分子生物学，化学同人（2004）
Postgate, J. 著，庄野邦彦訳：窒素固定，朝倉書店（1981）
Rees, A.R., Sternberg, J.E. 著，野田春彦 訳：図解分子生物学，培風館（1986）
宍戸和夫・塚越規弘：微生物科学，昭晃堂（1998）
Stanier, R.Y. 他著，高橋 甫 他訳：微生物学 原書第5版（上）・（下），培風館（1996）
畝本 力：特殊環境に生きる細菌の巧みなライフスタイル，共立出版（1993）

山中健生：微生物のエネルギー代謝，学会出版センター（1986）
山中健生：無機物だけで生きてゆける細菌，共立出版（1987）
柳田友道：微生物科学 1巻～5巻，学会出版センター（1980～1985）
矢崎和盛・百瀬春生：基礎生物学講座第11巻 微生物－バイオテクノロジー入門，朝倉書店（1994）
海野 肇 他著：環境生物工学，講談社サイエンティフィック（2002）

索　引

[あ]

RNA ……………………………………… 4, 56
RNA プライマー ……………………………… 134
RNA ポリメラーゼ …………………………… 135
RNase …………………………………………… 56
アエロモナス …………………………………… 78
悪玉菌 …………………………………………… 50
亜硝酸 …………………………………………… 11
亜硝酸塩還元酵素 ……………………………… 85
亜硝酸酸化細菌 …………………………… 12, 103
アスパラギン酸 ………………………………… 3
N-アセチルグルコサミン …………………… 37
アセチル CoA ……………………………… 79, 81, 82
N-アセチルムラミン酸 ……………………… 37
アセチルリン酸 …………………………… 4, 61, 79
アセチレン還元法 ……………………………… 107
アセトン・ブタノール菌 ……………………… 78
アセトン・ブタノール発酵 …………………… 78
アデニル酸シクラーゼ ………………………… 142
アデニン ………………………………………… 4
アデノシン ……………………………………… 60
アデノシン一リン酸（AMP） ………………… 60
アデノシン三リン酸（ATP） ………………… 60
アデノシン二リン酸（ADP） ………………… 60
アニーリング ………………………………… 147
アミノアシル tRNA 合成酵素 ……………… 137
アミノ酸 ………………………………………… 2
アミノ酸発酵 …………………………………… 78
2-アミノ酪酸 …………………………………… 3
アミラーゼ ……………………………………… 56
β アミロイドペプチド ……………………… 130
アラニン ……………………………………… 3, 80
β-アラニン ……………………………………… 3
アルコール発酵 …………………………… 68, 78
アルツハイマー病 …………………………… 130
アルドラーゼ …………………………………… 73
アレニウス（S. A. Arrhenius） …………… 124
　　　　——の法則 …………………………… 124
アロステリック的 ……………………………… 89
アンピシリン耐性遺伝子 …………………… 144
アンモニア …………………………………… 2, 11
アンモニア酸化細菌 …………………… 11, 103

[い・う]

硫黄酸化細菌 ……………… 8, 12, 15, 16, 49, 101, 102
硫黄酸化物 ……………………………………… 85
異化作用 ………………………………………… 58
イシクラゲ ………………………………… 14, 100
異性化酵素 ……………………………………… 59
イソクエン酸 …………………………………… 82
イソプレノイド ……………………………… 116
イソプロパノール ……………………………… 79
遺伝子組換え技術 …………………………… 143
遺伝子クローニング ……………………… 147, 149
遺伝子の転写 ………………………………… 135
遺伝情報の翻訳 ……………………………… 137
イミノジ酢酸 …………………………………… 3
陰イオン性溶質 ……………………………… 128
インスリン …………………………………… 150
インフルエンザ菌 …………………………… 145
ウィノグラドスキィ（S. Winogradsky）… 103
ウェルシュ菌 …………………………………… 56
ウーズ（C. R. Woose） ……………………… 32
ウラシル ………………………………………… 4

[え・お]

ATP ……………………………………… 4, 58, 60
ATP 合成酵素 ………………………… 36, 63, 84
FAD ……………………………………………… 81
Fe タンパク質 ………………………………… 107
FeMo-コファクター ………………………… 107
FMN ……………………………………………… 84
F_oF_1 複合体 …………………………………… 63
H^+ 濃度勾配 …………………………………… 63
L 型菌 …………………………………………… 37
LB 培地 ………………………………………… 27
Mo-Fe タンパク質 …………………………… 107

MRSA	51
NAD⁺	71
NADP⁺	71
nif 遺伝子	108
S-レイヤー	36, 46
SS 培地	28
栄養環境	2, 55
栄養摂取	55
栄養素	2
栄養的分類	49
栄養様式	5
液体培地	27
エクトイン	128
エシェリキア	53
エステラーゼ	56
エステル脂質	116
エチルアルコール	79
エチレンオキシド	23
エーテル型脂質	34
エーテル脂質	116
エネルギー効率	89
エネルギー代謝系	58
エノラーゼ	73
エムデン-マイヤーホフ経路	70, 72, 90
エリトロース-4-リン酸	76
エントナー-ドードロフ経路	74
黄色ブドウ球菌	51, 56
岡崎フラグメント	134
オキサロ酢酸	82, 83
オートクレーブ処理	23
オペロン	141
オーレオマイシン	52

[か]

海藻	20
解糖系	70
外皮	44
外胞子殻	44
外膜	39, 40
海洋性細菌	28, 41, 49
解離因子	141
化学合成細菌	10, 11, 49, 76, 93, 101
化学合成従属栄養	8
化学合成従属栄養細菌	14, 15, 49
化学合成独立栄養	8
化学合成独立栄養細菌	14, 16, 49
化学進化	1
化学浸透圧	63
化学滅菌	23
核酸	17
核質	42
核膜	31
核領域	42
過酸化水素 (H_2O_2)	87
過酸化物	7
加水分解酵素	59
ガス胞	43
化石燃料	18
カタボライト遺伝子活性化タンパク質	142
カタボライト抑制	91
カタラーゼ	87
カナマイシン	52
加熱滅菌	23
カプロン酸発酵	78
芽胞	23, 44
——の形成位置	45
——の断面図	45
芽胞形成	44
——の過程	45
ガラクツロン酸	56
K⁺/H⁺ 逆輸送系	123
カルビン-ベンソン回路	76, 95, 98, 104
カルボキシソーム	43, 105
3-(カルボキシメチルアミノ)プロピオン酸	3
還元的カルボン酸回路	98
乾熱滅菌器	23
ガンマ線滅菌	23

[き]

ギ酸	3, 79
キシラーゼ	56
キシラン	56
キシルロース-5-リン酸	74, 76
キシロビオース	56
キシロヘキサオース	56

魏志倭人伝	69
キメラプラスミド	149
キモシン	151
逆転写酵素	146
逆輸送（アンチポート）	58
共生窒素固定細菌	106
莢膜	36, 41
共輸送（コトランスポート）	58
極限環境	113
極限環境微生物	115
極鞭毛	47
巨大菌	56

[く]

グアニン	4
クエン酸	82
クエン酸回路	81
グラナ	11
グラム（C. Gram）	33
グラム陰性菌	33
グラム染色	33
グラム陽性菌	33
グリコール酸	3
グリシン	3, 80
グリシンベタイン	128
グリセリン	56
グリセルアルデヒド-3-リン酸	72, 74, 76
グリセルアルデヒド-3-リン酸デヒドロゲナーゼ	73
グリセロール	4
α-グルコシルグリセロール	128
グルコース	56, 72, 91
グルコース-6-リン酸	61, 72, 74, 76
グルコースリン酸イソメラーゼ	73
グルコン酸菌	53
グルタミン酸	3, 79, 128
グルタミン酸菌	52
グルタミン酸発酵系	83
クレアチンリン酸	61
クレブシエラ	78
クレブス（H. A. Krebs）	81
クレブス回路	63, 81, 83, 90, 91, 96
クロストリジウム	51
クローニング	143
クロラムフェニコール	91, 92
クロロソーム	43, 95
クロロフィル	94
クロロマイセチン	52

[け]

形態的分類	47
解毒酵素	7, 88
2-ケト-3 デオキシ-6-ホスホグルコン酸	74
ゲノム DNA	48, 131
ゲノム配列	131
ゲノムプロジェクト	131
α-ケトグルタル酸	82, 83
α-ケトグルタル酸脱水素酵素	83
原核細胞	31
原核生物	31, 115, 133
嫌気呼吸	85
嫌気性化学合成細菌	6
嫌気性光合成細菌	6
嫌気性細菌	29, 49
嫌気性従属栄養細菌	6
嫌気的酸化反応系	63
原始生命体	1
原始地球	1
原始の海	1
原始発酵系	74, 77

[こ]

好圧性細菌	49, 114, 120
好アルカリ性細菌	41, 49, 114, 117, 122
高エネルギーリン酸化合物	60
高エネルギーリン酸結合	62, 72
好塩性好アルカリ性細菌	117
好塩性細菌	28, 49, 114, 119
光化学系	93, 94
好乾燥性細菌	114
好気呼吸	85
好気性化学合成細菌	6
好気性細菌	29, 49
好気性従属栄養細菌	6
光合成細菌	8, 10, 14, 21, 29, 49, 76, 93
光合成従属栄養	8

光合成従属栄養細菌	49
光合成独立栄養	8
光合成独立栄養細菌	15, 49
好酸性細菌	49, 114, 117
紅色硫黄細菌	15, 96
紅色細菌	29, 94, 96
紅色非硫黄細菌	8, 15, 49, 96
高浸透圧ショック	125
合成酵素	59
合成培地	26
抗生物質耐性遺伝子	147
抗生物質の作用機作	39
構造遺伝子	141
高層培地	27
酵素反応速度	124
高度好塩性古細菌	34
高度好塩性細菌	113, 131
高度好熱性細菌	131, 152
好熱性好酸性細菌	118
好熱性古細菌	34
好熱性細菌	30, 49, 114, 118, 151
酵母	8, 91
——のしぼり汁	68
酵母エキス	26
好冷性細菌	114, 119
CoQ（ユビキノン）	84
呼吸鎖	90
古細菌	33, 115, 126, 131
枯草菌	33, 49, 51, 55, 56, 85, 131
固体培地	27
コドン	137
コハク酸	3, 82
コレラ菌	33, 49
コロニーPCR法	150
混合発酵	78
コンピテンス	147
コンピテント細胞	149
根粒	109

[さ]

細菌	
——の外部形態	35
——の構造	35
——の多様性	47
——の培養	22
——の表層構造	36
——の分類	47
細胞壁	37
細胞膜	36, 56
——の脂質組成	116
酢酸	3, 79
酢酸菌	53
サッキュラス	37
サルコシン	3
サルモネラ菌	16, 78
酸化還元酵素	59
酸化還元電位	94
酸素発生型光合成細菌	6

[し]

cAMP	142
GTP（グアノシン三リン酸）	61
シアノバクテリア	8, 11, 14, 36, 49, 86, 94, 99
紫外線ストレス	130
志賀菌	49
磁気走性細菌	105
脂質	17, 56
シトクロム類	85
シトシン	4
ジピコリン酸	44
ジヒドロキシアセトンリン酸	72
ジヒドロリポ酸脱水素酵素	81
ジフテリア毒素感受性	116
脂肪酸	4, 56
1,3-ジホスホグリセリン酸	4, 61, 72
シャイン・ダルガーノ配列	139
ジャコブ（F. Jacob）	141
ジャーファーメンター	28
斜面培地	27
自由エネルギー変化	66
従属栄養	9
従属栄養細菌	9, 49
周鞭毛	47
シュードムレイン	34
常温菌	119
硝化細菌	8, 12, 21, 49, 103

常在細菌	49
硝酸	12
硝酸塩還元酵素	85
硝酸塩呼吸	22, 85
硝酸塩発酵	80, 81
消費者	9
除去酵素	59
触媒作用	59
食物連鎖	19
真核細胞	31
真核生物	31, 115, 133
進化系統樹	116
真正細菌	32, 99, 115, 131
浸透圧保護物質	127
振盪培養装置	30

[す]

水酸化エクトイン	128
水素供与体	62
水素細菌	8, 12, 14, 49, 105
水素発酵	79, 80
髄膜炎菌	52
水和塩ネットワーク	127
スクシニル CoA	82, 83
スティックランド反応	80
ストレプトマイシン	39, 52
ストロマトライト	6
スーパーオキシド（O_2^-）	87
スーパーオキシドジスムターゼ	7, 87

[せ・そ]

生育環境	49
生育場所	49
制御遺伝子	141
性決定因子（F 因子）	133
制限酵素	144
生物学的仕事	62
生物圏	13
生物進化	2
生命誕生	2
赤痢菌	49, 78
絶対嫌気性	5
絶対嫌気性細菌	69
絶対好圧性細菌	120
セドヘプツロース-7-リン酸	76
セラチア菌	78, 145
セルラーゼ	56
セルロース	56
セロビオース	56
選択培地	27
善玉菌	50
線毛	41
増殖因子	26
相補的 DNA（cDNA）	146
疎水性相互作用	127
ソルビトール	28

[た]

耐圧性細菌	114, 120
耐塩性細菌	114, 115
タイコイン酸	39
代謝	5
代謝系	5
代謝進化	5
代謝能力	5
大腸菌	33, 49, 55, 67, 78, 88, 91, 92, 131, 145
——の元素組成	17
——の分子組成	17
大腸菌 K-12 株	132
大腸菌 O-157 株	132
耐熱性 α-アミラーゼ	151
耐熱性 DNA ポリメラーゼ	146, 152
耐熱性プロテアーゼ	152
脱窒	22, 97
脱窒菌	14, 85
多糖	17
多糖分解酵素	56
多聞院日記	69
単位膜	36
炭酸塩呼吸	86
炭酸緩衝液	28
炭酸固定	20
炭酸同化	10
単性窒素固定細菌	106
炭素	
——の循環	18

──の要求	25
炭素源	25
炭素濃度	15
担体（トランスポーター）	57
タンパク質	4, 17
──の変性速度	123
タンパク質合成阻害剤	91

[ち・つ]

チアミンピロリン酸	81
窒素	
──の循環	20
──の要求	25
窒素源	26
窒素固定	21, 93
窒素固定細菌	93, 106
チミン	4
中性細菌	41, 49
腸炎ビブリオ	16
超好熱性古細菌	152
腸内細菌	49, 78
チラコイド	11, 36, 95
通性嫌気性細菌	69
通性細菌	8

[て・と]

DNA	4, 56
──の増幅	148
DNAプライマー	147
DNAポリメラーゼ	134
DNAリガーゼ	134, 143, 146
DNase	56
DNA-DNAハイブリダイゼーション	48, 50
Davis培地	27
TCA回路	81
低温(好冷)性細菌	30
低温殺菌法	69
低温性細菌	119
デオキシリボース	4
デオキシリボヌクレオシド	56
鉄細菌	8, 12, 14, 15, 49, 105
テトラサイクリン耐性遺伝子	144
転移酵素	59

電気化学的ポテンシャル	65
電子供与体	85
電子線滅菌	23
電子伝達系	36, 65, 82, 84, 94
デンプン	56
同化作用	58
同輸送（シンポート）	58
独立栄養	10, 93
独立栄養細菌	10, 49, 93
トリオースリン酸イソメラーゼ	73
トレハロース	128

[な・に]

内性胞子	44
ナイセリア	52
納豆菌	51, 151
Na^+/H^+逆輸送系	117
軟寒天培地	27
2段階増殖（ジオキシー）	143
ニトロゲナーゼ	21, 88, 106, 107
ニトロゲナーゼ遺伝子	108
乳酸	3, 79
乳酸桿菌	52, 78
乳酸菌	74
尿素	3

[ぬ・ね]

ヌクレアーゼ	56
ネオマイシン	52
粘質層	36, 41
ネンジュモ	14

[は・ひ]

肺炎球菌	51
バイオレメディエーション	121
バクテリオクロロフィル	95
バクテリオファージ	145
バクテロイド	110
パスツール（L. Pasteur）	68
パスツール効果	89
バチルス	51
発酵系	70
発酵産物	71, 77

播磨国風土記	69
PCR 法	49, 118, 143, 146, 147
PTS 系	58
火入れ	69
非荷電性溶質	128
非好塩性細菌	58
皮層	44
2-ヒドロキシ酪酸	3
ヒドロキシルアミンオキシドレダクターゼ	104
ヒドロゲナーゼ	79, 105
ビフィズス菌	50
皮膚表在菌	49
非ヘム鉄-硫黄タンパク質	84
表層構造	46
日和見感染	50
ピリン	42
ピルビン酸	72
ピルビン酸キナーゼ	62, 73
ピルビン酸酵素	81
ピルビン酸処理系	70
ピルビン酸脱水素酵素複合体	81
ピロガロール	29
貧栄養細菌	8, 16

[ふ]

VBNC 細菌	16
フェレドキシン	79, 107
複合培地	26
複製開始点	133
ブタノール	79
ブタノール菌	51
2,3-ブタンジオール	79
ブタンジオール発酵	78
ブドウ球菌	49, 51
ブフナー兄弟 (E. Buchner & H. Buchner)	68
フマル酸	82
フマル酸塩呼吸	86
プライマーゼ	134
フラクタン	151
フラジェリン	41
プラスミド	143

プラスミド DNA	133
プラスミドベクター	144
フラボドキシン	107
プランクトン	20
フルクトース-1,6-二リン酸	72
フルクトース-6-リン酸	61, 76
ブレークモア (R. Blakemore)	43
ブレビバクテリウム	78
プロテアーゼ	56
プロテウス	78
プロテウス菌	86
プロトン駆動力	63, 67, 84, 120
プロピオン酸	3, 79
プロピオン酸菌	52, 78, 86
プロピオン酸発酵	78
プロピオン酸発酵系	83
プロモーター	136
プロリン	128
分解者	9
分子シャペロン	129
分子状酸素 O_2	83
分類	
化学的性状による——	48
核酸による——	48
生理的性質による——	48
ヒトとのかかわり方による——	49

[へ]

平板培地	27
ベオサイト	99
ヘキソキナーゼ	73
ベクター	143
ペクチナーゼ	56
ペクチン	56
ヘテロシスト	99, 101
ヘテロ乳酸発酵	78
ヘテロ発酵乳酸菌	52
ペニシリン	39
ペプチダーゼ	56
ペプチド	56
ペプチドグリカン	32, 56
ペプチド伸長反応	140
ヘム	85

ペリプラズム	*41, 65, 84*
ペリプラズム酵素	*41*
ペルオキシダーゼ	*87*
ベーロネラ	*78*
ペントースリン酸回路	*75, 104*
鞭毛	*41*
――のつき方	*42*
鞭毛運動	*122*

[ほ]

放射線耐性細菌	*49*
放射線減菌	*23*
放線菌	*52*
補酵素	*70*
補償溶質	*58, 126, 127*
ホスホエノールピルビン酸	*4, 61, 62, 72*
3-ホスホグリセリン酸	*61, 72*
ホスホグリセリン酸キナーゼ	*73*
ホスホグリセロムターゼ	*73*
6-ホスホグルコノ-δ-ラクトン	*76*
6-ホスホグルコン酸	*74, 76*
ホスホケトラーゼ経路	*74*
ホスホフルクトキナーゼ	*73*
ボツリヌス菌	*51*
ホモ乳酸発酵	*78*
ホモ乳酸発酵菌	*78*
ホモ発酵乳酸菌	*52*
γ-ポリグルタミン酸	*151*
ポリ-β-ヒドロキシ酪酸	*128*
ポリヘドラルボディ	*43*
ポーリン	*40*
ポルフィリン	*85*
ホルミル化バリン (fVal)	*137*
ホルミル化メチオニン (fMet)	*137*
ホルムアルデヒド	*23*
翻訳開始因子	*139*
翻訳開始反応	*140*
翻訳伸長因子	*139*

[ま・み・む]

膜	
――の転移温度	*123*
――の流動性	*123*
膜電位	*65, 122*
マグネタイト(磁鉄鉱)	*43*
マグネトソーム	*43, 105*
末端酸化酵素	*85*
マルチクローニング部位	*144*
マルトース	*56*
ミッチェル (P. Mitchell)	*64*
ミトコンドリア	*91*
ミラー (S. L. Miller)	*2*
無機栄養細菌	*10*
無菌状態	*29*
無細胞抽出液	*68*
ムレイン	*32*

[め・も]

メソソーム	*36*
メタン	*2*
メタン生成古細菌	*34*
メタン生成細菌	*6, 8, 34, 86, 120, 126*
メタン発酵	*86*
メチシリン耐性黄色ブドウ球菌	*39*
N-メチルアラニン	*3*
N-メチル尿素	*3*
滅菌処理	*22*
モノー (J. L. Monod)	*141*
モノオキシゲナーゼ	*104*

[ゆ・よ]

有機溶媒耐性細菌	*49, 114*
溶存酸素濃度	*29*
溶媒耐性細菌	*114, 120*

[ら・り]

ラギング鎖	*134*
酪酸	*79*
酪酸菌	*51*
酪酸生産菌	*78*
酪酸発酵	*78*
ラクトースオペロン	*141*
ランゲルハンス島	*150*
藍色細菌	*99*
ラン藻	*99*
ラン藻類	*6, 29*

リゾチーム	38, 56	緑色細菌	29, 94, 97
リーディング鎖	134	緑藻	8
リパーゼ	56	緑膿菌	49
リブロース-5-リン酸	74, 76	淋菌	53
リポ酸	81	リンゴ酸	82
リポ酸トランスアセチラーゼ	81	リン酸	4
リボース	4, 75	リン酸化	62
リボース-5-リン酸	76	リン酸基	60
リポ多糖	40	リン脂質	4
リポ多糖質	39		
リポタンパク質	39	[れ・ろ]	
リボヌクレオシド	56	レグヘモグロビン	112
硫化水素	2	レトロウイルス	146
硫酸塩還元細菌	6, 8, 12, 14, 15, 86	レプリコン	133
リューコノストック	78	連鎖球菌	51
両性イオン性溶質	128	濾過滅菌	24
緑色硫黄細菌	15, 98		

[学名]

Acetobacter	53	*Brevibacterium*	78
aceti	53	sp. JCM 6894	128
acetosum	53	*Chromatium*	97, 110
Acidiphilium cryptum	116	*Clostridium*	14, 23, 50, 51, 78, 79, 80, 86, 110
Actinomycetales	52	acetobutylicum	51, 78
Aeromonas	78	botulinum	51
Alcaligenes	105	butyricum	51
Anabaena	100, 110	kluyveri	78
Azospirillum	110	pasteurianum	80
Azotobacter	14, 88, 110, 111	perfringens	80
Bacillus	41, 44, 46, 51, 117	tertium	80
amyloliquefaciens	145	thermocellum	56
halodurans	118	welchii	56
halodurans C-125	46	*Colwellia maris*	116
macerans	78	*Corynebacterium*	52
megaterium	56	glutamicum	52, 78
natto	51, 151	*Deinococcus radiophilus*	145
polymyxa	56, 78	*Desulfovibrio*	110
pseudofirmus	116	*Escherichia*	53
pumilus	56	coli	33, 53, 55, 131, 145
stearothermophilus	151	*Frankia*	110
subtilis	33, 51, 55, 56, 131	*Gallionella*	105
Bifidobacterium	50	*Gloeothece*	100

Gluconobacter 53
　liquefaciens 53
　roseus 53
Haemophilus aegyptius 145
　influenzae 145
Helicobacter pylori 131
Hydrogenobacter 105
　thermophilus TK-6 105
Klebsiella 78, 110
　pneumoniae 108
Lactobacillus 50, 52, 78
　acidophillus 52
　bulgaricus 52
　delbrueckii 52
　lactis 51
Leptothrix 105
Leuconostoc 78
Macromonas bipunctata 102
　mobilis 102
Metallosphaera hakonensis 117
Methanobacterium formicicum 116
Methanohalophilus 120
Mucor pusillus 151
Mycobacterium tuberculosis 131
Mycoplasma 24, 37, 56
Natronobacterium 37, 118
　salinarum 116, 126
Natronococcus 37, 118
　occultus 116
Neisseia 52
　gonorrhoeae 52
　meningitides 52
Nitrobacter 103
Nitrobacteraceae 103
Nitrosomonas 103
Nostoc 14, 100, 110
　commune 14, 100
Oscillatoria 100
Paenibacillus 110
Paracoccus denitrificans 85
Pediococcus 78
Planctomyces 105
Pleurocapsa 100

Propionibacterium 52, 78
　shermanii 52
Pseudomonas 74, 105
　aeruginosa 49
　putida 120
Pyrococcus furiosus 152
Pyrolobus fumarii 116, 118
Rhizobium 109, 110
Rhizomucor pusillus 151
Rhodobacter 97
Rhodopseudomonas 97
Rhodospirillum 97, 110
Salinivibrio costicola 116, 119
Salmonella 28
Serratia marcescens 145
Shewanella benthica 116
Shigella 28
　dysenteriae 49
Sphaerotilius 105
Spirulina 100
Staphylococcus 49, 51, 78
　aureus 51, 56
Streptococcus 51, 78
　cremoris 51
　haemolyticus 56
　pneumoniae 51
　thermophilus 51
Streptomyces 52
　aureofaciens 52
　fradiae 52
　griseus 52
　kanamyceticus 52
　venezuelae 52
Sulfolobus 117
　acidocaldarius 118
　metallicus 116
Synechococcus 100
Thermus
　aquaticus 152
　thermophilus 116
Thiobacillus 105
　denitrificans 102
　ferrooxidans 105

neapolitanus ··········· 102
Thiobacterum sp. ··········· 102
Thiocapsa ··········· 97
Thiomicrospira sp. ··········· 102
Thiospira bipunctata ··········· 102
Thiospirillum ··········· 97

Veillonella ··········· 78
Vibrio cholerae ··········· 33
Xanthomonas holcicola ··········· 145
Xenococcus ··········· 100
Zymomonas ··········· 74

	著 者	石 田 昭 夫
細菌の栄養科学		永 田 進 一
―環境適応の戦略―		大 島 朗 伸
		新 谷 良 雄
Science of Nutrition		佐々木秀明　　　　　ⓒ 2006
for Bacterial Life		
	発 行	共立出版株式会社／南 條 光 章
2006年11月25日　初版1刷発行		東京都文京区小日向4丁目6番19号
2009年 9月15日　初版2刷発行		電話　東京(03)3947-2511番（代表）
		郵便番号 112-8700
		振替口座 00110-2-57035番
		URL　http://www.kyoritsu-pub.co.jp/
	印　刷	横 山 印 刷
	製　本	中 條 製 本
		社団法人
		自然科学書協会
検印廃止		会　員
NDC 465		
ISBN4-320-05641-8		Printed in Japan

JCOPY ＜(社)出版者著作権管理機構委託出版物＞

本書の無断複写は著作権法上での例外を除き禁じられています．複写される場合は，そのつど事前に，(社)出版者著作権管理機構（電話 03-3513-6969，FAX 03-3513-6979，e-mail: info@jcopy.or.jp）の許諾を得てください．

実力養成の決定版………学力向上への近道！

やさしく学べる基礎数学 ―線形代数・微分積分―
石村園子著・・・・・・・・・・・・・・・・A5・246頁・定価2100円(税込)

やさしく学べる線形代数
石村園子著・・・・・・・・・・・・・・・・A5・224頁・定価2100円(税込)

やさしく学べる微分積分
石村園子著・・・・・・・・・・・・・・・・A5・230頁・定価2100円(税込)

やさしく学べる微分方程式
石村園子著・・・・・・・・・・・・・・・・A5・228頁・定価2100円(税込)

やさしく学べる統計学
石村園子著・・・・・・・・・・・・・・・・A5・230頁・定価2100円(税込)

やさしく学べる離散数学
石村園子著・・・・・・・・・・・・・・・・A5・230頁・定価2100円(税込)

大学新入生のための 数学入門 増補版
石村園子著・・・・・・・・・・・・・・・・B5・230頁・定価2205円(税込)

大学新入生のための 微分積分入門
石村園子著・・・・・・・・・・・・・・・・B5・196頁・定価2100円(税込)

大学新入生のための 物理入門
廣岡秀明著・・・・・・・・・・・・・・・・B5・224頁・定価2100円(税込)

大学生のための例題で学ぶ 化学入門
大野公一・村田 滋他著・・・・・・・A5・224頁・定価2310円(税込)

詳解 線形代数演習
鈴木七緒・安岡善則他編・・・・・A5・276頁・定価2520円(税込)

詳解 微積分演習 I
福田安蔵・鈴木七緒他編・・・・・A5・386頁・定価2205円(税込)

詳解 微積分演習 II
福田安蔵・安岡善則他編・・・・・A5・222頁・定価1995円(税込)

詳解 微分方程式演習
福田安蔵・安岡善則他編・・・・・A5・260頁・定価2520円(税込)

詳解 物理学演習 上
後藤憲一・山本邦夫他編・・・・・A5・454頁・定価2520円(税込)

詳解 物理学演習 下
後藤憲一・西山敏之他編・・・・・A5・416頁・定価2520円(税込)

詳解 物理/応用 数学演習
後藤憲一・山本邦夫他編・・・・・A5・456頁・定価3570円(税込)

詳解 力学演習
後藤憲一・山本邦夫他編・・・・・A5・374頁・定価2625円(税込)

詳解 電磁気学演習
後藤憲一・山崎修一郎編・・・・・A5・460頁・定価2730円(税込)

詳解 理論/応用 量子力学演習
後藤憲一他編・・・・・・・・・・・・・A5・412頁・定価4410円(税込)

詳解 電気回路演習 上
大下眞二郎著・・・・・・・・・・・・・A5・394頁・定価3675円(税込)

詳解 電気回路演習 下
大下眞二郎著・・・・・・・・・・・・・A5・348頁・定価3675円(税込)

明解演習 線形代数
小寺平治著・・・・・・・・・・・・・・・A5・264頁・定価2100円(税込)

明解演習 微分積分
小寺平治著・・・・・・・・・・・・・・・A5・264頁・定価2100円(税込)

明解演習 数理統計
小寺平治著・・・・・・・・・・・・・・・A5・224頁・定価2520円(税込)

これからレポート・卒論を書く若者のために
酒井聡樹著・・・・・・・・・・・・・・・A5・242頁・定価1890円(税込)

これから論文を書く若者のために 大改訂増補版
酒井聡樹著・・・・・・・・・・・・・・・A5・326頁・定価2730円(税込)

これから学会発表する若者のために
―ポスターと口頭のプレゼン技術―
酒井聡樹著・・・・・・・・・・・・・・・B5・182頁・定価2835円(税込)

〒112-8700 東京都文京区小日向4-6-19　**共立出版**　TEL 03-3947-9960／FAX 03-3947-2539
http://www.kyoritsu-pub.co.jp/　郵便振替口座 00110-2-57035